普通高等教育"十二五"规划教材

电路分析基础简明教程

刘志刚　张宏翔　主编

北　京

冶金工业出版社

2020

内 容 提 要

  本书共分 11 章，包括电路模型和电路定律、电阻电路的等效变换、电阻电路的一般分析、电路定理、一阶电路、相量、正弦稳态电路的分析、二端口网络、含有运算放大器的电阻电路、含有耦合电感的电路、非正弦周期电流电路和信号的频谱等。

  本书深入浅出，重点明确，实例丰富，可作为高校电子、通信、光电、计算机、电气及自动化等专业的专业基础课教材，也可供从事电子技术工作的工程技术人员使用。

图书在版编目 (CIP) 数据

  电路分析基础简明教程 / 刘志刚，张宏翔主编 . —北京：冶金工业出版社，2012.5（2020.11 重印）

  普通高等教育"十二五"规划教材

  ISBN 978-7-5024-5939-0

  Ⅰ. ①电⋯　Ⅱ. ①刘⋯　②张⋯　Ⅲ. ①电路分析—高等学校—教材　Ⅳ. ①TM133

  中国版本图书馆 CIP 数据核字（2012）第 084405 号

出 版 人　苏长永
地　　址　北京市东城区嵩祝院北巷 39 号　邮编　100009　电话　(010)64027926
网　　址　www.cnmip.com.cn　电子信箱　yjcbs@cnmip.com.cn
责任编辑　李培禄　美术编辑　李 新　版式设计　孙跃红
责任校对　禹 蕊　责任印制　禹 蕊
ISBN 978-7-5024-5939-0
冶金工业出版社出版发行；各地新华书店经销；北京中恒海德彩色印刷有限公司印刷
2012 年 5 月第 1 版，2020 年 11 月第 4 次印刷
787mm×1092mm　1/16；13 印张；315 千字；198 页
29.00 元

冶金工业出版社　投稿电话　(010)64027932　投稿信箱　tougao@cnmip.com.cn
冶金工业出版社营销中心　电话　(010)64044283　传真　(010)64027893
冶金工业出版社天猫旗舰店　yjgycbs.tmall.com
（本书如有印装质量问题，本社营销中心负责退换）

前　言

多年以来，在"电路分析"课程的教学中，先后使用过多种教材和讲义。为了适应电子技术和电路基础理论的迅速发展，根据教育部颁布的《电路分析基础课程教学基本要求》和目前多所学校的《电路基础教学大纲》，在教学实践中，对教材内容不断地进行调整、提炼和更新，逐步形成了有一定特色的讲稿，经多所高校试用修改后，编写了这本教材，同时本教材得到了各参编高校校级及省级精品课程建设的支持。

本书在编写中，充分考虑本教材的教学适用性。在内容安排上，既遵循电路理论本身的系统和结构，也注意了适应学生的认识规律，并合理、有序地组织教材内容，使各章、节的中心明确，层次清楚、概念准确、论述简明，对概念、定理、方法等不仅正确地表述其内容，更阐明其具体应用条件、场合以及在不同情况下如何变通处理。书中配有较多例题，用以加深对概念的理解和说明如何灵活运用基本概念和方法分析具体的电路问题，此外，还介绍了一些实用电路知识和实际知识。

本书由刘志刚、张宏翔任主编。参加编写人员的具体分工如下：第1、3、4、7章由张宏翔编写，第2章由禹玥昀编写，第5、8章由刘志刚编写，第6章由徐全元编写，第9、10章由伍坪编写，第11章由黄正华编写。全书由刘志刚负责统稿，由武汉大学熊年禄教授审稿，在编写的过程中得到了岳晓光博士和高珍舟硕士的热情帮助。本书教学参考学时约64学时。

在本书的编写过程中，也得到了华中农业大学、武汉理工大学、南昌大学、郑州大学、湖北工业大学、西南林业大学、福建三明学院、武汉长江工商学院和中国地质大学江城学院等院校领导和教师的大力支持，在此一并表示诚挚的谢意。

由于编者水平有限，书中难免有不妥之处，敬请使用本书的读者指出。另外，编者可提供与本书相配套的教学 ppt 和授课录像，联系邮箱：724104439@ qq. com。

编　者
2012 年 3 月

目　　录

1 电路模型和电路定律

本章导读

学习"电路分析基础"课程的目的是掌握分析电路的基本规律和基本分析方法。本章从建立电路模型、认识电路变量等基本问题出发，重点讨论理想电源、欧姆定律、基尔霍夫定律等重要概念。

1.1 电路和电路模型

1.1.1 实际电路

为了实现电能的产生、传输及使用，将所需电路元件按一定方式连接，即可构成电路。电路提供了电流流通的路径，电路的功能有：

（1）实现电能的产生、传输、分配和转化。例如高电压、大电流的电力电路等。

（2）实现电信号的产生、传输、变换和处理。例如低电压、小电流的电子电路及计算机电路、控制电路等。

一个完整的电路包括 3 个基本组成部分，即：

（1）电源（Source）：产生电能或信号的设备，是电路中的信号或能量的来源。利用特殊设备可将其他形式的能量变为电能，如发电机、干电池、光电池等。电源有时又称为"激励"。

（2）负载（Load）：消耗电能的器部件，也称用电设备。它能将电能变为其他形式的能量，如电动机、电阻器等。

（3）电源与负载之间的连接部分：除导线外，还需有控制、保护电源用的开关、熔断器、变压器等。

由激励而在电路中产生的电压和电流称为响应，有时根据激励和响应之间的因果关系，把激励称为输入，响应称为输出。

为了实现电路的功能，人们将所需的实际元器件或设备按一定的方式连接而构成的电路称为实际电路，如图 1-1a 所示即为最简单的实际手电筒电路。它由 4 个部分组成：干电池（电源）、导线（传输线）、开关 S（起控制作用）、灯泡（用电器，也称负载）。

1.1.2 电路模型

将实际电路加以科学抽象和理想化后得到的电路，称为理想化电路，也称电路模型。实际的电器元件和设备的种类是很多的，如各种电源、电阻器、电感器、电容器、变压器、晶体管、固体组件等，它们中发生的物理现象是很复杂的。因此，为了便于对实际电路进行分析和数学描述，进一步研究电路的特性和功能，就必须进行科学的抽象，用一些模型代替实际电器元件和设备的外部特性和功能，这种模型即为电路模型，构成电路模型的元件称为模型元件，也称理想电路元件。理想电路元件只是实际电器元件和设备在一定条件下的理想化模型，它能反映实际电器元件和设备在一定条件下的主要电磁性能，并用规定的模型元件符号来表示。如图 1-1a 所示的实际手电筒电路，即可用图 1-1b 所示的电路模型代替。其中电压 U_s 和电阻 R_s 的串联组合即为干电池的模型，S 为开关的模型，电阻 R_L 为电灯的模型。

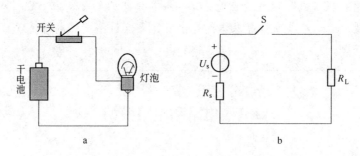

图 1-1　实际电路与电路模型

a—实际电路；b—电路模型

本书此后章节所说的电路一般均指由理想元件构成的抽象电路或电路模型，而非实际电路。

1.2　电流和电压的参考方向

电路中涉及的基本物理量有电荷、电流、电位、电压等。它们的定义、计量单位在物理学中已经叙述，这里只讨论电流和电压的方向问题。

1.2.1　电压和电流的实际方向

1.2.1.1　电流的实际方向

电流定义为：电荷（包括正电荷与负电荷）的定向移动。习惯上，规定正电荷定向移动的方向为电流的实际方向（或者负电荷定向移动的反方向为电流的实际方向）。

1.2.1.2　电压的实际方向

电压定义为：电场中 a、b 两点之间的电位差称为 a、b 两点之间的电压。人们已经取得共识，把实际电位高的点标为"＋"极，把实际电位低的点标为"－"极，"＋"极指向"－"极的方向就是电压的实际方向。

1.2.2　电压和电流的参考方向

1.2.2.1　电流的参考方向

电流的参考正方向简称参考方向。电路中电流的实际方向在人们对电路未进行分析计算之前是不知道的，因此为了方便对电路进行分析计算和列写电路方程，就需要对电流设定一个参考正方向，简称参考方向，如图1-2所示，电路中电流$i(t)$的方向就是参考方向（不一定就是电流i的实际方向）。若所求得的$i(t) > 0$，就说明电流$i(t)$的实际方向与参考方向一致；若所求得的$i(t) < 0$，就说明$i(t)$的实际方向与参考方向相反。可见，电流$i(t)$是一个标量。电路中电流的参考方向是任意规定的。

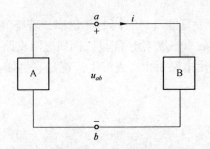

图1-2　电流的参考方向和电压的参考方向

1.2.2.2　电压的参考方向

电压的参考"+"、"-"极性简称为电压的参考极性，两点之间的电压参考方向可以用"+"、"-"表示，"+"极指向"-"极的方向就是电压的参考方向。电路中电压的实际"+"、"-"极性，在人们对电路未进行分析计算之前是未知的，同样为了方便对电路进行分析计算和列写电路方程，也要对电压设定一个参考"+"、"-"极性。如图1-2所示电路中电压u_{ab}的"+"、"-"极性就是参考极性（不一定就是电压u_{ab}的实际"+"、"-"极性）。若所求得的a、b两点间电压$u_{ab} > 0$，就说明a点的实际电位高于b点的实际电位；若$u_{ab} < 0$，就说明a点的实际电位低于b点的实际电位；若$u_{ab} = 0$，则说明a、b两点的实际电位相等。电压的参考极性也是任意设定的。

如前所述，支路电流的参考方向与支路电压的参考方向是可以任意选定的，元件上电压、电流参考方向设定的不同，会影响到计算结果的正负号。但为了分析上的便利，常常将同一支路的电流与电压的参考方向选为一致，例如可选电流的参考方向为由电压参考极性的"+"端指向"-"端，电流和电压的这种参考方向称为关联参考方向；当两者不一致时，称为非关联参考方向。这个概念非常重要，在大多数情况下，支路的电流与电压是否为关联参考方向将影响到支路的伏安特性，这一点以后会逐步介绍。当电压与电流为关联参考方向时，可以只标出一个变量的参考方向，如图1-3a所示，非关联参考方向时必须全部标出，如图1-3b所示。

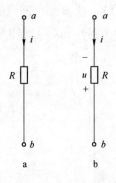

图1-3　电压与电流
关联参考方向

1.3　电功率和能量

在电路的分析与计算中，研究能量的分配和交换是很重要内容之一，特别是功率，它可以直接反映出支路的能量变化情况。用 w 表示能量，用 p 表示功率。

1.3.1　功率的定义

单位时间内电路所吸收的电能，称作这部分电路吸收的功率。

$$p = \frac{\mathrm{d}w}{\mathrm{d}t} \tag{1-1}$$

式（1-1）可理解为功率是能量对时间的变化率，若随着时间的变化能量是增加的，则功率是正的，表示电路吸收（或消耗）能量，例如电阻支路；若随着时间的变化能量是减少的，则功率是负的，表示电路供出（或产生）能量，例如电源支路。

1.3.2　功率的计算

由定义式（1-1）可知：

$$p = \frac{\mathrm{d}w}{\mathrm{d}t} = \frac{\mathrm{d}w}{\mathrm{d}q} \cdot \frac{\mathrm{d}q}{\mathrm{d}t} = u \cdot i \tag{1-2}$$

从式（1-2）可知，功率可以用电流与电压的乘积来计算，即当支路的电流与电压的参考方向为关联参考方向时，电流与电压的乘积就是此支路吸收的功率。计算结果为正时，说明支路吸收功率；计算结果为负时，说明支路发出功率。这种讨论方式完全符合功率的定义，并且便于理解和记忆。需要说明的是，有的书上有不同的讨论方式，但其实质是一样的。当支路的电流与电压为非关联参考方向时，计算公式要加负号。

$$p = -ui \tag{1-3}$$

利用式（1-3）计算功率时，结果为正时，则表示吸收功率；结果为负时，表示发出功率。在国际单位制中，电压的单位为伏（V），电流的单位为安（A），功率的单位为瓦特，简称瓦（W）。

【例1-1】　（1）在图1-4中，若电流均为2A，且均由 a 流向 b，已知 $u_1 = 1\text{V}$，$u_2 = -1\text{V}$，求该元件的吸收或发出功率。

（2）在图1-4b中，若元件发出的功率为4W，$u_2 = -1\text{V}$，求电流。

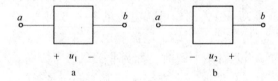

图1-4　例1-1的图

解：（1）设电流 i 的参考方向由 a 指向 b，则：

$$i = 2\text{A}$$

对图1-4a所示元件来说，电压、电流为关联参考方向，故：

$$p = u_1 i = 1 \times 2 = 2\text{W}$$

即吸收功率为2W。

对图1-4b所示元件来说，电压、电流为非关联参考方向，故：

$$p = -u_2 i = -(-1) \times 2 = 2\text{W}$$

即吸收功率为2W。

（2）设电流的参考方向由 a 指向 b，则：

$$p = -u_2 i = -4W$$

因发出功率为4W，故 p 为 $-4W$，由此可得：

$$i = \frac{4}{u_2} = \frac{4}{-1} = -4A$$

负号表明电流的实际方向是由 b 指向 a。

1.4 电 路 元 件

电路元件是电路中基本的组成单元，电路元件通过其端子与外部相连接，元件的特性则通过与端子有关的物理量描述。

1.4.1 电阻元件

1.4.1.1 电阻的伏安特性

电阻元件（简称电阻）是从实际电阻器抽象出来的模型。线性电阻的电路符号如图 1-5a 所示，在电阻中的电流与其两端的电压的真实方向总是一致的，在电压、电流为关联参考方向条件下，其伏安关系用欧姆定律来描述，即：

$$R = \frac{u}{i} \text{或} u = R \cdot i \tag{1-4}$$

式中，电阻值 R 为一正常数，与流经本身的电流及两端电压无关。伏安关系可由图 1-5b 表示，在伏安平面上是通过坐标原点的一条直线，并位于第一、三象限。或者说满足式（1-4）欧姆定律关系的电阻元件称为线性电阻。

线性电阻也可以用另一个电路参数"电导"来表示，其符号为 G。G 与 R 呈倒数关系，如式（1-5）所示，线性电导也是一常数。

$$G = \frac{i}{u} = \frac{1}{R} \tag{1-5}$$

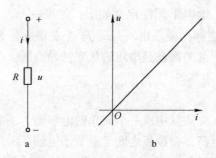

图 1-5 线性电阻的电路符号和伏安关系

a—电路符号；b—伏安关系

1.4.1.2 电阻的单位

在国际单位制中，电压的单位为伏（V），电流的单位为安（A），电阻的单位为欧姆，用符号 Ω 表示。

$$1\Omega = 1V/A$$

电导 G 的单位为西门子，用符号 S 表示。

1.4.1.3　电阻的功率

电阻是消耗能量的，式（1-4）说明：当电压一定时，电阻越大电流越小，电阻体现了对电流的阻力。既然电阻对电流有阻力，电流通过电阻时就要消耗能量，线性电阻的功率为：

$$p = ui = Ri^2 = \frac{u^2}{R} \tag{1-6}$$

在式（1-6）中，i^2（或 u^2）总为正，电阻元件的阻值是正的常量，所以电阻吸收的功率总为正值，说明电阻总是消耗电能，电阻是一种耗能元件，这是电阻的重要特性。利用电阻消耗电能并转化成热能的性能可制作成各种电热器。换句话说，电阻表征了电路部件消耗电能的特性，除了实际电阻以外，它可以是电灯、烙铁、电动机等部件的理想电路模型。

1.4.1.4　电阻的即时性

电阻元件的另一个重要特性是在任一时刻电阻两端的电压是由此时电阻中的电流所决定的，而与过去的电流值无关；反之，电阻中的电流是由此时电阻两端电压所决定的，而与过去的电压值无关。从这个意义上讲，电阻是一种无记忆元件，就是说电阻不能记忆过去的电流（或电压）在历史上所起的作用。

1.4.1.5　非线性电阻

实际上电阻元件也是某些电子器件的理想电路模型，例如半导体二极管，它的伏安关系就不再是通过坐标原点的直线，而是曲线，称此器件为非线性电阻。非线性电阻的阻值不是常量，而是随着电压或电流的大小、方向而改变，所以不能再用一个常数来表示，也不能用式（1-4）的欧姆定律来定义它。

本书主要讨论线性电路的知识，为了叙述方便，简称线性电阻元件为电阻。

1.4.1.6　电阻的一般性定义

基于电阻的以上特性，给电阻元件定义如下：如果一个二端元件在任一瞬间 t，其电压 $u(t)$ 和电流 $i(t)$ 两者之间的关系由 $u-i$ 平面（或 $i-u$ 平面）上一条曲线所决定，则此二端元件称为电阻元件。此曲线就是电阻的伏安特性曲线。

1.4.2　电容元件

两块金属极板中间放入介质就构成一个简单的电容器。当接通电源后两块极板上聚集了数量相等、符号相反的电荷，在极板之间就形成了电场。所以电容器是一种能储存电荷的器件，它具有储存电场能量的性能，这是它主要的物理特性。如果不考虑电容器的热效应和磁场效应，则它就抽象为电容元件。电容元件是实际电容的理想电路模型，或者说电容元件是用来表征储存电场能量的电路模型。

1.4.2.1　电容元件的定义

一个电容元件，其电路符号如图 1-6a 所示，如果其特性曲线为 $q-u$ 平面上经过坐标原点且在第一、三象限的一条直线，其斜率不随电荷或电压而变，如图 1 - 6b 所示，则称该电容元件为线性电容，即：

$$C = \frac{q}{u} \text{ 或 } q = Cu \tag{1-7}$$

式中，C 为正常数，称电容量（简称电容），习惯上称电容元件为电容。

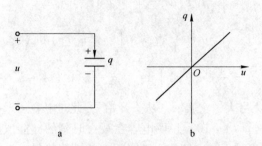

图 1 - 6 线性电容的电路符号及特性曲线
a—电路符号；b—特性曲线

1.4.2.2 电容的单位

在国际单位制中，电容 C 的单位为法拉（简称法，用符号 F 表示）。此时电荷的单位为库仑（Q），电压的单位为伏特（V），即：

$$1 \text{ 法拉（F）} = \frac{1 \text{ 库仑（Q）}}{1 \text{ 伏特（V）}}$$

但法拉这个单位对于实际电容太大了，常用的单位是微法（μF）和皮法（pF）：

$$1 \mu F = 10^{-6} F$$
$$1 pF = 10^{-12} F$$

1.4.2.3 电容的伏安特性

虽然电容是根据 $q - u$ 关系定义的，但在电路中常用的变量是电压和电流，即我们感兴趣的是电容元件的伏安关系，由电流定义 $i = \mathrm{d}q/\mathrm{d}t$ 和电容的定义 $C = q/u$ 可推出电容元件的伏安关系：

$$i_c = \frac{\mathrm{d}q}{\mathrm{d}t} = \frac{\mathrm{d}Cu_c}{\mathrm{d}t} = C \frac{\mathrm{d}u_c}{\mathrm{d}t} \tag{1-8}$$

图 1 - 6a 中，因为当 $i_c > 0$ 时，正电荷被输送到上面极板，称为电容被充电，电压是增加的，所以当电压与电流为关联参考方向时，电容的伏安关系如式（1 - 8）所示。若电压与电流为非关联方向时，电容的伏安关系要加一个负号。即：

$$i_c = - C \frac{\mathrm{d}u_c}{\mathrm{d}t} \tag{1-9}$$

电容的伏安关系表明通过电容的电流与其两端电压的变化率成正比，若电压稳定不变，其电流必为零。例如当电容充电结束后，电容电压虽然达到某定值 U_0，但其电流却为零。这和电阻元件有本质的不同，电阻两端只要有电压存在，电阻中的电流就一定不为零。电容的伏安关系还表明，在任何时刻如果通过电容的电流为有限值，那么电容上电压就不能突变；反之，如果电容上电压发生突变，则通过电容的电流将为无限大。

1.4.2.4 电容的功率和储能

一个电容当其电压 u 和电流 i 在关联参考方向下，它吸收的功率为：

$$p = u_c i_c$$

电容吸收的能量：

$$
\begin{aligned}
w_c &= \int_{-\infty}^{t} p(\tau)\mathrm{d}\tau = \int_{-\infty}^{t} u_c i_c \mathrm{d}\tau \\
&= \int_{-\infty}^{t} u_c C \frac{\mathrm{d}u_c}{\mathrm{d}t}\mathrm{d}t = C \int_{u_c(-\infty)}^{u_c(t)} u_c(\tau)\mathrm{d}u_c(\tau) \\
&= \frac{1}{2}C u_c^2(\tau) \Big|_{u_c(-\infty)}^{u_c(t)} = \frac{1}{2}C[u_c^2(t) - u_c^2(-\infty)] \qquad (1-10)
\end{aligned}
$$

积分式的下限为负无穷大，它表示"从头开始"，此时电容还未被充电，即 $u_c(-\infty) = 0$；上限 t 为观察时间，式（1-10）说明电容在某一时刻的储能取决于该时刻电容上的电压值，当电压随时间变化时，电容储能也随时间变化。但能量总为正。

【例1-2】 已知图1-7a所示电容电压波形如图1-7b所示，设 $C=1\mathrm{F}$，求电容电流 $i_c(t)$ 并画出它的波形。

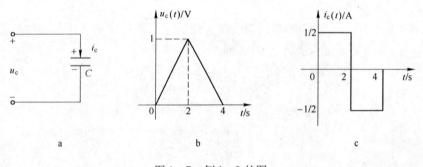

图1-7 例1-2的图

解：由电容的波形写出电容电压的数学表达式：

$$
u_c(t) = \begin{cases}
\dfrac{1}{2}t & (0 < t < 2) \\
-\dfrac{1}{2}t + 2 & (2 < t < 4)
\end{cases}
$$

由图可知电流与电压为关联参考方向：

$$i_c = C \frac{\mathrm{d}u_c}{\mathrm{d}t}$$

可以计算出电流的表达式：

$$
i_c(t) = \begin{cases}
\dfrac{1}{2}\mathrm{A} & (0 < t < 2) \\
-\dfrac{1}{2}\mathrm{A} & (2 < t < 4)
\end{cases}
$$

得到的波形如图1-7c所示。

由图可知，电容电流 i_c 有时为正有时为负。当 $0 < t < 2$ 时，i_c 为正，说明电容充电，

电荷能量也增加；当 $2 < t < 4$ 时，电流 i_c 为负，说明电容放电，即释放能量；当 $t = 4$ 时，能量释放完毕，电压为 0，整个过程中电容本身不消耗能量。

1.4.2.5 非线性电容与时变电容

凡是不满足线性定义的电容元件，就称为非线性电容。一个电容元件，如果电容量是时间 t 的函数 $C(t)$，那么 $C(t)$ 将表示不同时刻 $q-u$ 特性曲线的斜率，这个电容就称为时变电容。

可以将电容定义为：一个二端元件，在任一时刻 t，它的电荷 q 与端电压 u 之间的关系可以用 $u-q$ 平面上的一条曲线来确定，则称该二端元件为电容元件。

1.4.3 电感元件

绕在螺线管或铁芯上的一个线圈，当线圈中有电流通过时，线圈周围会形成磁场，磁场中储存着磁场能量，这种器件称为电感器。如果不考虑电感器的热效应和电场效应，即抽象为电感元件，它是实际电感器的理想化模型，表征了电感器的主要物理特性，即电感元件具有储存磁场能量的性能。

1.4.3.1 电感元件的定义

一个二端元件，如果在任一时刻 t，它的磁链 Ψ 和通过它的电流 i 之间的关系可以用 $i-\Psi$ 平面上的一条曲线来确定，则此二端元件称为电感元件。电感元件的符号如图 1-8a 所示，图中磁链的方向与电流的方向一致，"+"、"−" 号表示电压的参考方向。

如果在 $i-\Psi$ 平面上，电感元件的特性曲线是通过坐标原点并处在第一、三象限的一条直线，且不随磁链或电流而变化，如图 1-8b 所示，则称其为线性时不变电感元件，即：

$$L = \frac{\Psi}{i}, \ 或 \ \Psi = Li \tag{1-11}$$

式中，L 为一个与 Ψ、i 无关的正常数，称为电感量，简称电感，式中 Ψ 为磁链，磁链与电流的大小及方向有关。

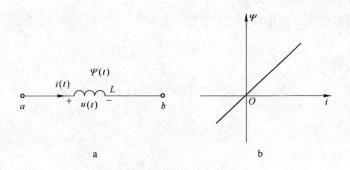

图 1-8 线性时不变电感元件

1.4.3.2 电感的单位

在国际单位制中，电感 L 的单位为亨利（简称亨，用符号 H 表示），此时磁链的单位为韦伯（Wb），电流的单位为安培（A），即：

$$1\ 亨利\ （H）=\frac{1\ 韦伯\ （Wb）}{1\ 安培\ （A）}$$

常用单位是毫亨（mH）或微亨（μH）。

1.4.3.3 电感的伏安特性

与电容元件类似，虽然电感是根据 $i-\Psi$ 关系定义的，但在电路中常用的变量是电压和电流，即我们感兴趣的是电感元件的伏安关系。在电感中变化的电流产生变化的磁链，变化的磁链会在电感两端产生感应电压。该电压可由法拉第电磁感应定律给定，即：

$$u_L=\frac{\mathrm{d}\Psi}{\mathrm{d}t} \tag{1-12}$$

再加上电感的定义 $\Psi=Li$ 可以推出电感元件的伏安关系为：

$$u_L=\frac{\mathrm{d}\Psi}{\mathrm{d}t}=\frac{\mathrm{d}(Li)}{\mathrm{d}t}=L\frac{di_L}{\mathrm{d}t} \tag{1-13}$$

式中，磁链单位是韦伯（Wb），电压的单位是伏特（V），电流单位是安培（A）。需要强调的是，这里的电压与电流是在关联参考方向下，如图 1-8a 所示。公式(1-13)符合楞次定律。楞次定律指出，当电感中的电流变化时电感两端会产生感应电压，而感应电压的极性是对抗这个电流的变化的。若电流增加，即造成了磁场的增强，因而磁链增大，由公式（1-12）得 $u(t)>0$，它意味着 a 点电位高于 b 点电位，这一极性正是对抗电流进一步的增加。

当电流与电感在非关联方向时，其伏安关系为：

$$u_L=-L\frac{di_L}{\mathrm{d}t}$$

电感的伏安关系表明通过电感的两端电压与其中电流的变化率成正比，若电流稳定不变，其电压必为零。例如，当直流电流通过电感，电感两端电压为零，电感犹如短路线。电感的伏安关系还表明，在一般条件下电感电流不会发生突变，电感电压是有限值，反之，如果电感电流发生突变，则电感两端的电压将为无限大。

1.4.3.4 电感的功率和储能

一个电感当其电压 u 和电流 i 在关联参考方向下，它吸收的功率为：

$$p=ui$$

电感吸收的能量为：

$$\begin{aligned}
w_m &= \int_{-\infty}^{t}p_L(\tau)\mathrm{d}\tau=\int_{-\infty}^{t}u_L(\tau)i_L(\tau)\mathrm{d}\tau \\
&= \int_{i_L(-\infty)}^{i_L(t)}Li_L(\tau)\mathrm{d}i_L \\
&= \frac{1}{2}L[i_L^2(t)-i_L^2(-\infty)]
\end{aligned}$$

设 $i_L(-\infty)=0$，则电感储能：

$$w_m=\frac{1}{2}Li_L^2(t) \tag{1-14}$$

积分式的下限是负无穷大，此时电感没有电流通过，即以 $i_L(-\infty)=0$；上限 t 是观察时间。式（1-14）说明电感在某一时刻的储能取决于该时刻电感上的电流值，当电流随时间变化时，电感储能也随时间变化。电感储存的磁场能量与 $i_L(t)$ 有关，也与电感量 L 有关。

【例1-3】 如图1-9a所示电感上电流与电压为关联参考方向，若已知电流的波形如图1-9b所示，试画出电压、功率和能量的波形，设 $L=1H$。

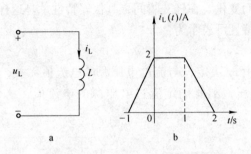

图1-9 例1-3的图

解： 根据公式（1-13）和公式（1-14）直接画出电压、功率和能量的波形，如图1-10所示。

由图1-10b、图1-10c可知，电感瞬时功率有时为正有时为负，当 $-1 \leqslant t < 0$ 时，p 为正，表明对电感充电，能量增加；$t=0$ 时能量增加到2J；当 $0 < t < 2$ 时，电流保持稳定值2A，所以电压等于零，而能量保持在2J，表明电感既不增加能量又不释放能量；当 $2 < t \leqslant 3$ 时，p 为负，电压为负，表明电感放电，即释放能量；当 $t=3$ 时能量释放完毕。在整个过程中电感本身不消耗能量。

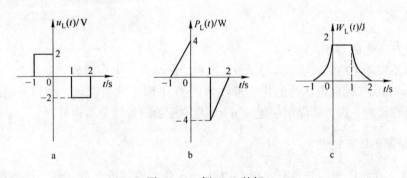

图1-10 例1-3的解

1.5 电压源和电流源

由于电路的功能有两种，故电源的定义也有两种。

（1）产生电能或储存电能的设备称为电源，例如发电机、蓄电池等，均为电源。

（2）产生电压信号或电流信号的设备也称为"电源"，这种"电源"实际上是"信号源"，也称信号发生器，例如实验室中应用的正弦波信号发生器、脉冲信号发生器等。

理想电源是实际电源的理想化电路模型，可分为两种：理想电压源和理想电流源，它们都是二端有源元件。

1.5.1　电压源的伏安特性

图1－11a所示理想电压源是具有如图1－11b所示的伏安特性的二端元件，该特性在伏安平面上是一条与i轴平行的直线，u_s表示电压源的电压。如果u_s是时间的函数，但它并不随工作电流的不同而变化。在任一瞬间，其伏安特性总是这样一条直线。

理想电压源的伏安特性可表示为：

$$u = u_s \tag{1－15}$$

这个式子也表明电压u由u_s决定，与流过电压源的电流值无关，同时也说明电压源所表示的只是两端子间的电压，不能确定流过电压源的电流值，这个电流要由外部电路来决定。

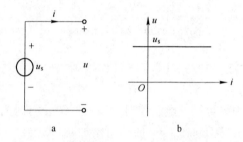

图1－11　理想电压源的伏安特性

对于图1－11a所示的电路，电压源电压u_s与端口电流i为非关联方向，则理想电压源发出的功率为：

$$P_发 = u_s i \tag{1－16}$$

它也是外电路吸收的功率。

电压源不接外电路时，电流i总为0，这种情况称为"电压源处于开路"。若令一个电压源的电压$u_s = 0$，则此电压源的伏安特性为$u-i$平面上的电流轴，相当于电压源短路，但这是没有意义的，因为短路时端电压$u = 0$与电压源的特性是不相符的。

1.5.2　电流源的伏安特性

图1－12a所示电流源是具有如图1－12b所示伏安特性的二端元件。该特性在伏安平面上是一条与u轴平行的直线，i_s表示电流源的值。如果i_s是时间的函数，即i_s随时间而变，但它并不随工作电压的不同而变，在任一瞬间，其伏安特性总是这样一条直线。理想电流源的伏安特性的表达式为：

$$i = i_s \tag{1－17}$$

式（1－17）表明电流i由i_s决定，与电流源两端的电压值无关，同时也说明电流源所表示的只是支路的电流，不能确定两端的电压值，这个电压是要由外部电路来决定的。

对于图1－12a所示的电路，电流源电流i_s与端口电压u为非关联方向，则理想电流源发出

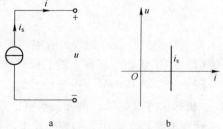

图1－12　理想电流源的伏安特性

的功率为：

$$P_{\text{发}} = u i_{\text{s}}$$

它也是外电路吸收的功率。

电流源两端短路时，其端电压 $u = 0$，而 $i = i_{\text{s}}$，电流源的电流即为短路电流。如果令一个电流源的 $i_{\text{s}} = 0$，则此电流源的伏安特性为 $i - u$ 平面上的电压轴，它相当于开路。电流源的"开路"是没有意义的，因为开路是发出的电流 i 必须为 0，这与电流源的特性不相容。

1.6 受控电源

若电压源电压的大小和"+"、"-"极性，电流源电流的大小和方向都不是独立的，而是受电路中其他的电压或电流控制，则称此种电压源和电流源为非独立电压源和非独立电流源，也称受控电压源和受控电流源，统称为受控电源，简称受控源。受控源的电路符号为菱形，为与独立源的电路符号相区别，如图 1-13 所示。

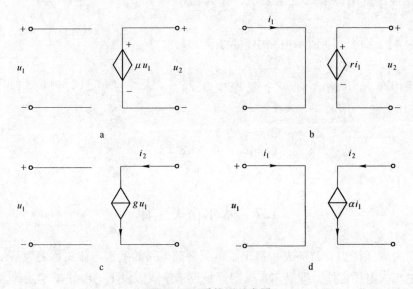

图 1-13 受控源示意图

受控源向外有两对端钮，一对为输入端钮，另一对为输出端钮。输入端钮施加控制电压或控制电流，输出端钮则输出被控制的电压或电流。因此，理想的受控源电路可有 4 种。

（1）电压控制电压源（VCVS），如图 1-13a 所示，其中 u_1 为控制量，u_2 为被控制量，$u_2 = \mu u_1$，$\mu = u_2 / u_1$ 为控制因子，μ 为无量纲的电压比因子。

（2）电流控制电压源（CCVS），如图 1-13b 所示，其中 i_1 为控制量，u_2 为被控制量，$u_2 = r i_1$，$r = u_2 / i_1$ 为控制因子，单位为欧［姆］（Ω）。

（3）电压控制电流源（VCCS），如图 1-13c 所示，其中 u_1 为控制量，i_2 为被控制量，$i_2 = g u_1$，$g = i_2 / u_1$ 为控制因子，单位为西［门子］（S）。

（4）电流控制电流源（CCCS），如图 1-13d 所示，其中 i_1 为控制量，i_2 为被控制量，$i_2 = \alpha i_1$，$\alpha = i_2/i_1$ 为控制因子，α 为无量纲的电流比因子。

受控源实际上是有源器件（电子管、晶体管、场效应管、运算放大器等）的电路模型。受控源在电路中的作用具有两重性：电源性与电阻性。

（1）电源性：由于受控源也是电源，因此它在电路中与独立源具有同样的外特性，其处理原则也与独立源相同。但应注意，受控源与独立源在本质上不相同。独立源在电路中直接起激励作用，而受控源则不是直接起激励作用，它仅表示"控制量"与"被控制量"的关系。控制量存在，则受控源就存在；若控制量为零，则受控源也就为零。

（2）电阻性：受控源可等效为一个电阻，而此电阻可能为正值，也可能为负值，这就是受控源的电阻性。

由于受控源在电路中的作用具有两重性，所以受控源在电路分析中的处理原则有两个：

（1）受控源与独立源同样对待和处理；

（2）把控制量用待求的变量表示，作为辅助方程。

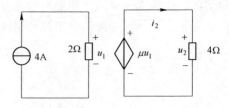

图 1-14　例 1-4 的图

【例 1-4】 图 1-14 所示电路中，设 $\mu = 0.4$，求 i_2 的值。

解： 图中所示电路含有一个受控电压源，其中：

$$u_1 = 2 \times 4 = 8\text{V}$$
$$u_2 = \mu u_1 = 0.4 \times 8 = 3.2\text{V}$$
$$i_2 = u_2/4 = 0.8\text{A}$$

1.7　基尔霍夫定律

基尔霍夫（或译为克希荷夫）提出了集总参数电路的基本定律，称之为基尔霍夫电流定律和基尔霍夫电压定律，即基尔霍夫定律是集总参数假设下的电路基本定律。先介绍几个名词和术语。

（1）支路和节点。一般情况下电路中一个二端元件称为一条支路，元件的汇接点称为节点，如图 1-15 中 a、b、c、d，这里共有 5 条支路，4 个节点。

为了方便，也可以把支路定义为多个元件串联而成的一段电路，如图 1-15 中 1 和 3

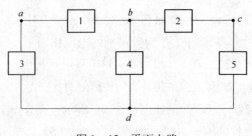

图 1-15　平面电路

元件串联作为一条支路，2 和 5 元件的串联也作为一条支路，节点定义为 3 条或 3 条以上支路的汇接点，如 b 点和 d 点，而 a 点和 c 点就不再是节点。这样定义支路和节点，显然比前面的定义在支路和节点的数量上要减少，对分析电路和解题是方便的。

（2）回路。电路中任一闭合的路径称为回路，如图 1-15 中由 a—b—d 回到点 a，由 b—c—d 回到 b，由 a—b—c—d 回到 a 都是回路。

（3）网孔。网孔的定义是对平面电路而言的，图 1-15 是平面电路，其中内部不含支路的回路称为网孔。上面 3 个回路中前两个符合网孔定义，显然第 3 个不符网孔定义，因为内部含有元件 4 的支路。

在集总参数电路中，任何时刻通过元件的电流和元件两端的电压都是可确定的物理量。通常把通过元件的电流称支路电流，元件的端电压称支路电压，它们是电路分析的对象，集总参数电路的基本规律也用它们来表示。

1.7.1　基尔霍夫电流定律（KCL）

电流定律也叫基尔霍夫第一定律，它反映了电路的节点上各支路电流之间必须遵循的规律，其英文缩写为 KCL（Kirchholf's Current Law）。定律内容：在任一时刻，电路的任一节点，流出某节点的所有支路电流代数和为零。其数学表示式为：

$$\sum_{k=1}^{m_0} i_k = 0$$

式中，i_k 为流出（或流入）节点的第 k 条支路电流；m_0 为与节点相连的支路数。

图 1-16 中画出的是电路中的某一节点，连接了 3 条支路，并标出了电流的参考方向。

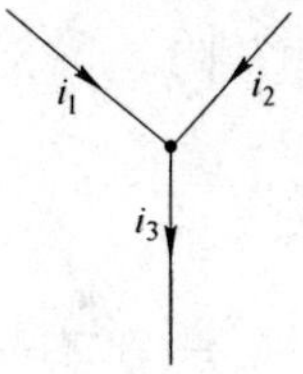

若以流出节点电流为正，则写出 KCL 方程为：

$$-i_1 - i_2 + i_3 = 0$$

上式左边是流出节点的电流，右边是流入节点的电流。

电流定律也可表示为：在任一时刻，电路的任一节点，流入　　图 1-16　电流定律
该节点的支路电流之和等于流出该节点的电流之和。

$$\sum i_入 = \sum i_出$$

电流定律的理论依据是电荷守恒原理，即电荷既不能创造，也不能消灭，流进节点的电荷一定等于流出节点的电荷，因为在集总参数假设中，节点只是支路的汇接点，不可能积累电荷。KCL 说明了电流的连续性。

在以上的讨论中，并没有涉及支路的元件，这就是说，不论支路中是什么元件，只要连接在同一个节点上，其支路电流就按 KCL 互相制约。换言之，KCL 与支路元件性质无关而与电路结构有关。

KCL 原是运用于节点的，也可以把它推广运用于电路中的任一假设的封闭曲面。例如，在图 1-17 中虚线所示封闭面，流入或流出封闭面的电流有

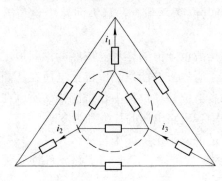

图 1-17　封闭面的 KCL

i_1、i_2、i_3，根据标出的参考方向，以流出封闭面的
电流为正，可列出 KCL 方程式为：

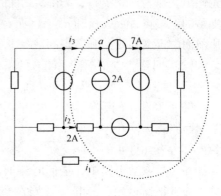

$$-i_1 - i_2 + i_3 = 0$$

【例 1 – 5】 求图 1 – 18 所示电路中电流 i_1 和 i_3
的值。

解：（1）由 a 节点的 KCL 列出方程：

$$i_3 + 2 = 7$$
$$i_3 = 5A$$

（2）作封闭面如图 1 – 18 中虚线所示，可列出：

$$i_1 + i_2 + i_3 = 0$$
$$i_1 = -7A$$

图 1 – 18   例 1 – 5 的图

1.7.2   基尔霍夫电压定律（KVL）

电压定律也叫基尔霍夫第二定律，它表明电路的闭合回路中，各支路电压之间的制约
关系，其英文缩写为 KVL（Kirchholf's Voltage Law）。定律内容：在任一时刻，电路的任一
回路，沿该回路的所有支路电压的代数和为零。

$$\sum_{k=1}^{n_0} u_k = 0$$

式中，u_k 为该回路中第 k 条支路电压；n_0 为回路包含的支路数。

这一定律也可以表述为：在任一时刻，对电路的任一回路，沿该回路的支路的电位升
等于电位降。

$$\sum u_升 = \sum u_降$$

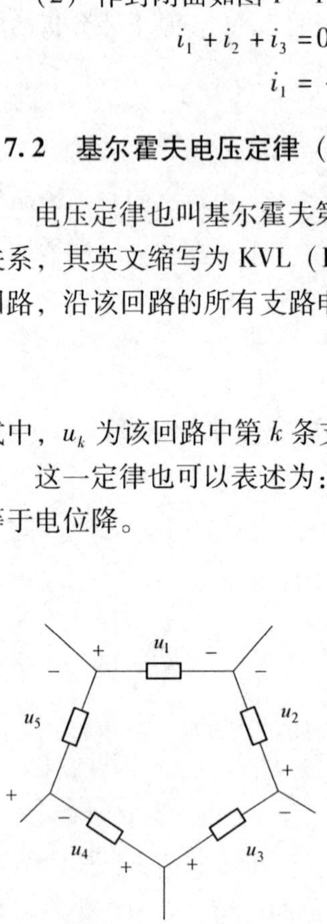

图 1 – 19 中画出的是电路中的某一回路，连接了 5 条支
路，并标出了各支路电压的参考极性。任意选定回路的绕行
方向，例如图中画出的顺时针方向，支路电压的参考极性与
回路绕行方向一致的取正号，支路电压参考极性与回路绕行
方向相反的取负号。可列写 KVL 方程

$$u_1 - u_2 - u_3 + u_4 + u_5 = 0$$

或

$$u_1 + u_4 + u_5 = u_2 + u_3$$

上式左端为回路中电位降之和，右端为回路中电位升
之和。

图 1 – 19   电压定律

基尔霍夫电压定律是能量守恒的体现。按照能量守恒定
律，单位正电荷沿回路绕行一周所获得的能量必须等于所失去的能量，单位正电荷在从高
电位向低电位移动过程中失去能量等于在从低电位向高电位移动过程中获得能量，所以在
闭合回路中电位升必然等于电位降，即一个闭合回路中各支路电压的代数和为零。

在以上的讨论中，并没有涉及支路的元件，这就是说，不论支路中是什么元件，只要
连接在同一个回路中，其支路电压就按 KVL 互相制约。换言之，KVL 与支路元件性质无
关而与电路结构有关。

总之，KCL、KVL 是电荷守恒原理和能量守恒原理在集总参数电路中的体现，KCL、

KVL 只与电路的拓扑结构有关系，而与各支路连接的元件的性质无关（无论是电阻、电容、电感还是电源，甚至是非线性元件或时变元件等）。

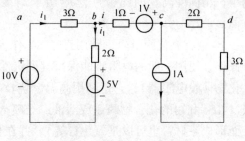

图 1 - 20   例 1 - 6 的图

【例 1 - 6】 电路如图 1 - 20 所示，求 i_1 和电压 u_{ad}。

解：（1）对节点 b 列写 KCL 方程为：

$$i_1 = i_1 + i$$

得：

$$i = 0$$

（2）对电路左边回路可列写出 KVL 方程为：

$$(2 + 3)i_1 = 10 - 5$$

有

$$i_1 = 1A$$

最后得

$$u_{ad} = 3i_1 + 1i - 1 - 2 \times 1 = 3 \times 1 + 1 \times 0 - 3 = 0$$

1.8 常用电阻元件

任何材料都有电阻。导体、半导体和绝缘体三者的区别是材料的电阻率 ρ。通常，$\rho < 10^{-4}\Omega \cdot m$ 的材料称为导体，$\rho > 10^4\Omega \cdot m$ 的材料称为绝缘体，半导体的 ρ 介于导体和绝缘体之间。一段长度为 L、截面积为 S、电阻率为 ρ 的材料，其电阻值为：

$$R = \rho \frac{L}{S} \tag{1 - 18}$$

1.8.1 电阻的分类

电阻的常见分类如下。

（1）按阻值特性可分为固定电阻、可调电阻、特种电阻（敏感电阻）。不能调节的，我们称之为定值电阻或固定电阻，而可以调节的，我们称之为可调电阻。常见的可调电阻是滑动变阻器，例如收音机音量调节的装置是个圆形的滑动变阻器，主要应用于电压分配的，我们称之为电位器。

（2）按制造材料可分为薄膜电阻、绕线电阻、无感电阻等。

1）薄膜电阻：用蒸发的方法将具有一定电阻率的材料蒸镀于绝缘材料表面制成。主要如下：

① 碳膜电阻（碳薄膜电阻），常用符号 RT 作为标志。为最早期也最普遍使用的电阻器，利用真空喷涂技术在瓷棒上面喷涂一层碳膜，再将碳膜外层加工切割成螺旋纹状，依照螺旋纹的多寡来定其电阻值，螺旋纹愈多时表示电阻值愈大。最后在外层涂上环氧树脂密封保护。其阻值误差虽然较金属膜电阻高，但由于价钱便宜，碳膜电阻器仍广泛应用在各类产品上，是目前电子、电器、设备、资讯产品的最基本零组件。

② 金属膜电阻（metal film resistor），常用符号 RJ 作为标志。其同样利用真空喷涂技术在瓷棒上面喷涂，只是将碳膜换成金属膜（如镍铬），并在金属膜车上螺旋纹做出不同阻值，并且于瓷棒两端镀上贵金属。虽然它较碳膜电阻器贵，但低杂音、稳定、受温度影

响小、精确度高。因此被广泛应用于高级音响器材、电脑、仪表、国防及太空设备等方面。

③ 金属氧化膜电阻，常用符号 RY 作为标志。某些仪器或装置需要长期在高温的环境下操作，使用一般的电阻不能保持其安定性。在这种情况下可使用金属氧化膜电阻（金属氧化物薄膜电阻器），它是利用高温燃烧技术于高热传导的瓷棒上面烧附一层金属氧化薄膜（用锡和锡的化合物喷制成溶液，经喷雾送入 500℃ 的恒温炉，涂覆在旋转的陶瓷基体上而形成。材料也可以是氧化锌等），并在金属氧化薄膜车上螺旋纹做出不同阻值，然后于外层喷涂不燃性涂料。其性能与金属膜电阻器类似，但电阻值范围窄。它能够在高温下仍保持其安定性，其典型的特点是金属氧化膜与陶瓷基体结合得更牢，电阻皮膜负载之电力亦较高。耐酸碱能力强，抗盐雾，因而适用于在恶劣的环境下工作。它还兼备低杂音、稳定、高频特性好的优点。

④ 合成膜电阻通过将导电合成物悬浮液涂敷在基体上而得，因此也叫漆膜电阻。

2）绕线电阻：用高阻合金线绕在绝缘骨架上制成，外面涂有耐热的釉绝缘层或绝缘漆。绕线电阻具有较低的温度系数，阻值精度高，稳定性好，耐热耐腐蚀，主要做精密大功率电阻使用，缺点是高频性能差，时间常数大。

方形线绕电阻（钢丝缠绕电阻）又俗称为水泥电组，采用镍、铬、铁等电阻较大的合金电阻线绕在无碱性耐热瓷件上，外面加上耐热、耐湿、无腐蚀的材料保护，再把绕线电阻体放入瓷器框内，用特殊不燃性耐热水泥充填密封而成。而不燃性涂装线绕电阻的差别只是外层涂装改由矽利康树脂或不燃性涂料。它们的优点是阻值精确、低杂音、有良好散热及可以承受较大的功率消耗，大多使用于放大器功率级部分。缺点是阻值不大、成本较高，亦因存在电感不适宜在高频的电路中使用。

实芯碳质电阻：用碳质颗粒状导电物质、填料和黏合剂混合制成一个实体的电阻器，并在制造时植入导线。电阻值的大小是根据碳粉的比例及碳棒的粗细长短而定。特点：价格低廉，但其阻值误差、噪声电压都大，稳定性差，目前较少用。

金属玻璃铀电阻：将金属粉和玻璃铀粉混合，采用丝网印刷法印在基板上。其特点是耐潮湿，耐高温，温度系数小，主要应用于厚膜电路。

（3）按安装方式可分为插件电阻、贴片电阻。

贴片电阻（片式电阻）：是金属玻璃铀电阻的一种形式，它的电阻体是高可靠的钌系列玻璃铀材料经过高温烧结而成的，特点是体积小、精度高、稳定性和高频性能好，适用于高精密电子产品的基板中。而贴片排阻则是将多个相同阻值的贴片电阻制作成一颗贴片电阻，目的是可有效地限制元件数量，减少制造成本和缩小电路板的面积。

（4）按功能分可分为负载电阻、采样电阻、分流电阻、保护电阻等。

1.8.2　电阻的主要参数

电阻的主要参数如下。

（1）标称阻值：标称在电阻器上的电阻值称为标称值。单位：Ω、$k\Omega$、$M\Omega$。标称值是根据国家制定的标准系列标注的，不是生产者任意标定的。不是所有阻值的电阻器都存在。

（2）允许误差：电阻器的实际阻值对于标称值的最大允许偏差范围称为允许误差。误差代码：F、G、J、K…（常见的误差范围是：0.01%、0.05%、0.1%、0.5%、0.25%、1%、2%、5%等）。

（3）额定功率：指在规定的环境温度下，假设周围空气不流通，在长期连续工作而不损坏或基本不改变电阻器性能的情况下，电阻器上允许的消耗功率。常见的有1/16W、1/8W、1/4W、1/2W、1W、2W、5W、10W。

（4）温度系数：$\pm ppm/℃$，即单位温度引起的电阻值的变化。ppm（Part Per Million）表示百万分之几，$1ppm = 1 \times 10^{-4}\%$。比如：标称阻值为$1k\Omega$的电阻，温度系数为$\pm 100ppm/℃$，意为温度变化1℃，电阻值的变化为$1k\Omega \pm 0.1\Omega$，变化100℃，阻值变化为$1k\Omega \pm 10\Omega$，精度非常高。电阻的温度系数精密级的在几十 ppm，普通的是 200 ~ 250ppm，最差的也不过 500ppm。

阻值和误差的标注方法有如下几种。

（1）直标法：将电阻器的主要参数和技术性能用数字或字母直接标注在电阻体上。

例如：5.1k Ω5% 5.1k ΩJ

（2）文字符号法：将文字、数字两者有规律组合起来表示电阻器的主要参数。

例如：$0.1\Omega = \Omega 1 = 0R1$，$3.3\Omega = 3\Omega 3 = 3R3$，$3K3 = 3.3k\Omega$

（3）色标法：用不同颜色的色环来表示电阻器的阻值及误差等级。普通电阻一般有 4 环表示，精密电阻用 5 环。

（4）数码法：用三位数字表示元件的标称值。从左至右，前两位表示有效数位，第三位表示10^n（$n = 0 \sim 8$）。当 $n = 9$ 时为特例，表示$10^{\wedge}$（-1）。

0 ~ 10 欧带小数点电阻值表示为 XRX，RXX。

例如：$471 = 470\Omega$ $105 = 1M$ $2R2 = 2.2\Omega$

1.8.3 电阻选用常识

首先应正确选用电阻器的阻值和误差。

（1）阻值选用：原则是所用电阻器的标称阻值与所需电阻器阻值差值越小越好。

（2）误差选用：时间常数 RC 电路所需电阻器的误差尽量小，一般可选5%以内。退耦电路、反馈电路、滤波电路、负载电路对误差要求不太高，可选 10% ~ 20% 的电阻器。

注意电阻器的极限参数。

其次应选用合理的额定电压和额定功率。

（1）额定电压：当实际电压超过额定电压时，即便满足功率要求，电阻器也会被击穿损坏。

（2）额定功率：所选电阻器的额定功率应大于实际承受功率的两倍以上才能保证电阻器在电路中长期工作的可靠性。

通常要首选通用型电阻器，通用型电阻器种类较多、规格齐全、生产批量大，且阻值范围、外观形状、体积大小都有挑选的余地，便于采购、维修。另外，要根据电路特点选用。

（1）高频电路：分布参数越小越好，应选用金属膜电阻、金属氧化膜电阻等高频电阻。

（2）低频电路：绕线电阻、碳膜电阻都适用。

（3）功率放大电路、偏置电路、取样电路：电路对稳定性要求比较高，应选温度系数小的电阻器。

（4）退耦电路、滤波电路：对阻值变化没有严格要求，任何类电阻器都适用。

习　题

1-1　说明图 1-21 中，（1）u、i 的参考方向是否关联？（2）乘积 ui 表示什么功率？（3）如果在图 1-21a 中 $u>0$、$i<0$，图 1-21b 中 $u>0$、$i>0$，元件实际是发出还是吸收功率？

图 1-21　习题 1-1 的图

1-2　试校核图 1-22 中电路是否满足功率平衡？

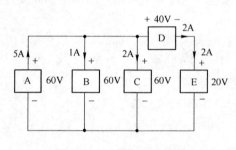

图 1-22　习题 1-2 的图

1-3　在指定的电压 u 和电流参考方向下，写出图 1-23 中各元件的约束方程（元件的组成关系）。

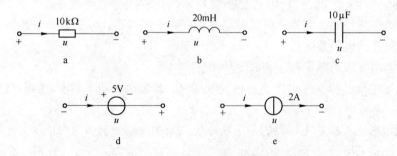

图 1-23　习题 1-3 的图

1-4　电路如图 1-24 所示，其中 $i_s = 2\text{A}$，$u_s = 10\text{V}$。

（1）求 2A 电流源和 10V 电压源的功率。

（2）如果要求 2A 电流源的功率为零，在 AB 线段内应插入何种元件？分析各元件的功率。

（3）如果要求 10V 电压源的功率为零，则应在 BC 间并联何种元件？分析此时各元件的功率。

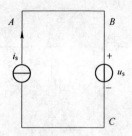

图 1 – 24　习题 1 – 4 的图

1 – 5　试求图 1 – 25 所示电路中每个元件的功率。

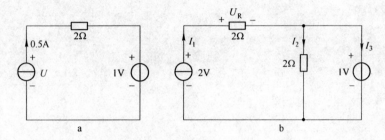

图 1 – 25　习题 1 – 5 的图

1 – 6　电路如图 1 – 26 所示，试求电流 i_1 和 u_{ab}。

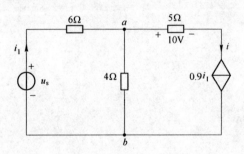

图 1 – 26　习题 1 – 6 的图

1 – 7　对图 1 – 27 所示电路：已知 $R = 2\Omega$，$i_1 = 1A$，求电流 i。

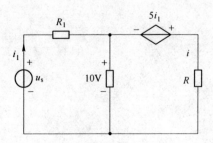

图 1 – 27　习题 1 – 7 的图

1 - 8 试求图 1 - 28 所示电路中控制量 I_1 及 U_0。

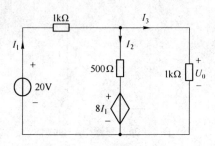

图 1 - 28　习题 1 - 8 的图

2 电阻电路的等效变换

+-

本章导读

　　电阻电路的等效变换是电路分析理论的重要基础知识之一，后继的学习将大量使用这种基本变换及其结论。本章内容包括电阻和电源的串、并联，电阻和电源的等效变换，二端网络输入电阻计算等。

+-

2.1　引　　言

　　在讨论电阻电路的等效变换之前，先引入两个重要的概念。

2.1.1　线性电路

　　由时不变线性无源元件、线性受控源和独立电源组成的电路称为时不变线性电路，简称为线性电路。如果构成电路的无源元件是线性电阻，则称为线性电阻电路（或简称电阻电路），本章介绍电阻电路的分析与计算，并着重介绍等效变换的概念。

2.1.2　直流电路

　　电路中电压源的电压或电流源的电流，可以是直流，也可以是随时间按某种规律变化的非直流；当电路中的独立电源都是直流电源时，这类电路称为直流电路。

2.2　电路的等效变换

　　第 1 章中介绍的电路元件都有两个端子，称为二端元件。由二端元件构成的电路向外引出两个端子，且从一个端子流入的电流等于从另一个端子流出的电流，该电路称为二端网络（或一端口网络）。

　　在对电路进行分析和计算时，为了方便分析和计算，常常用一个较为简单的电路来代替原电路，即对电路进行等效变换。所谓等效与等效变换，是指两个二端网络，若它们端口处的电压 u 和电流 i 间的伏安特性完全相同，则对任一外电路而言，它们具有完全相同的影响，我们便称这两个二端网络对外是等效的，将一个复杂的二端网络在上述等效条件下，用一个简单的二端网络代换，从而达到简化计算的目的，这就是等效变换。对于较复杂的电路，利用等效的概念可对其进行化简，得到其等效电路，从而达到简化计算的目的。

　　在图 2 - 1a 中，右方虚线框中由 5 个电阻组成的电路如果用一个电阻 R_{eq} 替代（如图

2 – 1b 所示），可使整个电路得以简化。进行替代的条件是图 2 – 1a 和图 2 – 1b 中，端子 1—1′ 以右的部分具有相同的伏安特性。电阻 R_{eq} 称为等效电阻，其值取决于被替代的原电路中电阻的值以及它们的连接方式。当电路中某一部分被替代后，未被替代部分的电压和电流都应保持不变。

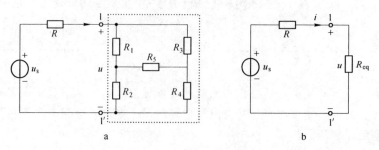

图 2 – 1　等效电阻

2.3　电阻的串联和并联

2.3.1　电阻的串联

如果电路中有两个或更多个电阻顺序首尾相连，则这样的连接法就称为电阻的串联，如图 2 – 2 所示电路就是电阻的串联电路。电阻串联时，每个电阻中通过的电流 i 相等。

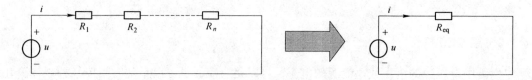

图 2 – 2　电阻的串联

根据 KVL，有：

$$u = u_1 + u_2 + u_3 + \cdots + u_n \tag{2 – 1}$$

由于每个电阻中的电流相等且均为 i，因此 $u_1 = R_1 i$，$u_2 = R_2 i$，$u_3 = R_3 i$，$\cdots$，$u_n = R_n i$，代入式（2 – 1），得：

$$u = (R_1 + R_2 + R_3 + \cdots + R_n) i = R_{eq} i \tag{2 – 2}$$

其中：

$$R_{eq} = R_1 + R_2 + R_3 + \cdots + R_n = \sum_{k=1}^{n} R_k \tag{2 – 3}$$

电阻 R_{eq} 称为这几个电阻串联时的等效电阻，用等效电阻替代这些串联电阻，端口处的伏安关系完全相同，即两个电路具有相同的外部性能，这种替代就是等效变换。显然，等效电阻值大于任一个串联电阻。

电阻串联时，各电阻上的电压为：

$$u_k = i R_k = \frac{R_k}{R_{eq}} u, \quad k = 1, 2, \cdots, n \tag{2 – 4}$$

电阻串联时，串联电路的功率为：

$$P = ui = R_1 i^2 + R_2 i^2 + \cdots + R_n i^2 = R_{eq} i^2 \qquad (2-5)$$

此式表明，n 个串联电阻吸收的总功率等于它们的等效电阻吸收的总功率。

2.3.2 电阻的并联

如果电路中有两个或更多个电阻连接在两个公共的节点之间，则这样的连接法就称为电阻的并联。其电路如图 2 – 3 所示。电阻并联可用 "//" 表示，如 $R_1 // R_2$。

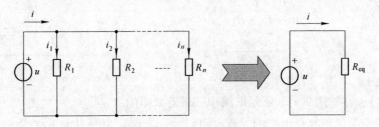

图 2 – 3　电阻的并联

根据 KCL，有：

$$i = i_1 + i_2 + \cdots + i_n \qquad (2-6)$$

再由欧姆定律有 $u_1 = R_1 i$，$u_2 = R_2 i$，$u_3 = R_3 i$，$\cdots$，$u_n = R_n i$，$u = R_{eq} i$，代入式（2 – 6）中得：

$$\frac{u}{R_{eq}} = \frac{u_1}{R_1} + \frac{u_2}{R_2} + \frac{u_3}{R_3} + \cdots + \frac{u_n}{R_n} \qquad (2-7)$$

由于电阻并联时，各电阻两端的电压相等，即 $u = u_1 = u_2 = u_3 = \cdots = u_n$，得：

$$\frac{1}{R_{eq}} = \frac{1}{R_1} + \frac{1}{R_2} + \frac{1}{R_3} + \cdots + \frac{1}{R_n} \qquad (2-8)$$

即：

$$R_{eq} = \frac{1}{\dfrac{1}{R_1} + \dfrac{1}{R_2} + \dfrac{1}{R_3} + \cdots + \dfrac{1}{R_n}} = \frac{1}{\displaystyle\sum_{k=1}^{n} \frac{1}{R_k}} \qquad (2-9)$$

由式（2 – 9）可见等效电阻小于任一个并联电阻。

定义：电导 $G = \dfrac{1}{R}$，单位为西门子（S），且 G_1、G_2、G_3、$\cdots$、G_n、G_{eq} 分别为电阻 R_1、R_2、R_3、$\cdots$、R_n、R_{eq} 的电导，则由式（2 – 8）有：

$$G_{eq} = G_1 + G_2 + \cdots + G_n = \sum_{i=1}^{n} G_i \qquad (2-10)$$

电阻并联时，各电阻的电流为：

$$i_k = \frac{u}{R_k} = u G_k = \frac{G_k}{G_{eq}} i, \qquad k = 1, 2, \cdots, n \qquad (2-11)$$

由式（2 – 11）可见，电流的分配与电阻成反比。即各个并联电阻中的电流与它们各分电阻的电导值成正比，即总电流按各个并联电阻的电导进行分配。

并联电路的功率为：

$$P = ui = G_1 u^2 + G_2 u^2 + \cdots + G_n u^2 = G_{eq} u^2 \tag{2-12}$$

即 n 个并联电阻吸收的总功率等于它们的等效电阻吸收的功率。

【例 2-1】 在如图 2-4 所示电路中，已知：$R_1 = R_2 = 4\Omega$，$R_3 = R_4 = 2\Omega$，$U = 12\text{V}$，求图示电路中电流 I_1、I_2、I_3 及电压 U_1。

解：（1）总电阻：$R = R_1 + [R_2 // (R_3 + R_4)] = 4 + (4//4) = 6\Omega$

（2）总电流：$I_1 = \dfrac{U}{R} = \dfrac{12}{6} = 2\text{A}$

（3）分电流：$I_2 = I_1 \times \dfrac{R_3 + R_4}{R_2 + R_3 + R_4} = 1\text{A}$

$$I_3 = I_1 \times \frac{R_2}{R_2 + R_3 + R_4} = 1\text{A}$$

（4）分电压：$U_1 = I_1 \times R_1 = 8\text{V}$

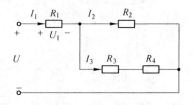

图 2-4　例 2-1 的图

【例 2-2】 在如图 2-5a 所示电路中，求等效电阻 R_{ab}。

解： 求解这类比较复杂电路的等效电阻时，应先确定电路共有几个节点，从图 2-5a 中可以看出此电路共有 3 个节点 a、b、c，然后将各个电阻用最简洁的路径连接在对应的节点之间，如图 2-5b 所示。这时，就可以用电阻混联计算方法，逐步求得等效电阻。由图 2-5b 算得 $R_{235} = R_2 // R_3 + R_5$，最后等效电路如图 2-5c 所示，结果是：

$$R_{ab} = R_1 // R_4 // R_{235} = R_1 // R_4 // (R_2 // R_3 + R_5)$$

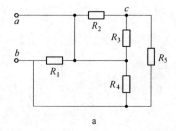 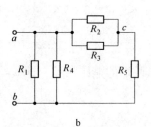 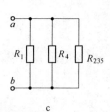

a　　　　　　　　　　b　　　　　　　　　　c

图 2-5　例 2-2 的图

2.4　电阻的 Y 形连接和 △ 形连接的等效变换

2.4.1　电阻的 Y 形连接与 △ 形连接

实用中，经常用到电阻的 Y 形连接和 △ 形连接，其连接方式如图 2-6 所示，它们都是通过 3 个端子与外部电路相连，它们之间的等效变换是要求它们的外部性能相同，也即当它们对应端子间的电压相同时，流入对应端子的电流也必须分别相等。

图 2-6 中，设在两个电路对应端子间加有相同的电压 u_{12}、u_{23} 和 u_{31}，当它们流入对应端子的电流分别相等时，即：

$$u_{12} = u_{23} = u_{31} \tag{2-13}$$

$$i_1 = i_1', \ i_2 = i_2', \ i_3 = i_3' \tag{2-14}$$

在此条件下，它们彼此等效。

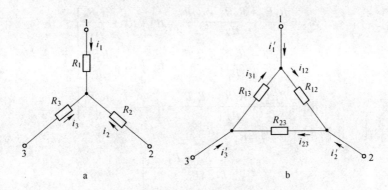

图 2－6　Y 形连接和△形连接的等效变换

a—Y 形连接；b—△形连接

2.4.2　Y－△连接的等效变换

对于△形连接的电路，各个电阻中的电流分别为：

$$i_{12} = \frac{u_{12}}{R_{12}} \quad i_{23} = \frac{u_{23}}{R_{23}} \quad i_{31} = \frac{u_{31}}{R_{31}} \tag{2－15}$$

按 KCL，有：

$$i_1' = \frac{u_{12}}{R_{12}} - \frac{u_{31}}{R_{31}}$$

$$i_2' = \frac{u_{23}}{R_{23}} - \frac{u_{12}}{R_{12}} \tag{2－16}$$

$$i_3' = \frac{u_{31}}{R_{31}} - \frac{u_{23}}{R_{23}}$$

对于 Y 形连接的电路，有：

$$\left. \begin{aligned} u_{12} &= R_1 i_1 - R_2 i_2 \\ u_{23} &= R_2 i_2 - R_3 i_3 \\ i_1 + i_2 + i_3 &= 0 \end{aligned} \right\} \tag{2－17}$$

从式（2－17）中解出电流：

$$\left. \begin{aligned} i_1 &= \frac{R_3 u_{12}}{R_1 R_2 + R_2 R_3 + R_3 R_1} - \frac{R_2 u_{31}}{R_1 R_2 + R_2 R_3 + R_3 R_1} \\ i_2 &= \frac{R_1 u_{23}}{R_1 R_2 + R_2 R_3 + R_3 R_1} - \frac{R_3 u_{12}}{R_1 R_2 + R_2 R_3 + R_3 R_1} \\ i_3 &= \frac{R_2 u_{31}}{R_1 R_2 + R_2 R_3 + R_3 R_1} - \frac{R_1 u_{23}}{R_1 R_2 + R_2 R_3 + R_3 R_1} \end{aligned} \right\} \tag{2－18}$$

不论电压 u_{12}、u_{23}、u_{31} 为何值，要使两个电路等效，流入对应端子的电流应该相等，因此，式（2－16）与式（2－18）中电压 u_{12}、u_{23} 和 u_{31} 前面的系数应该对应相等，于是得：

$$R_{12} = \frac{R_1 R_2 + R_2 R_3 + R_3 R_1}{R_3} = R_1 + R_2 + \frac{R_1 R_2}{R_3} \left.\begin{array}{c}\\\\\\\\\\\\\end{array}\right.$$

$$R_{23} = \frac{R_1 R_2 + R_2 R_3 + R_3 R_1}{R_1} = R_2 + R_3 + \frac{R_2 R_3}{R_1} \right\} \qquad (2-19)$$

$$R_{31} = \frac{R_1 R_2 + R_2 R_3 + R_3 R_1}{R_2} = R_3 + R_1 + \frac{R_3 R_1}{R_2}$$

由式（2-19）中解出 R_1、R_2、R_3，得：

$$R_1 = \frac{R_{31} \cdot R_{12}}{R_{12} + R_{23} + R_{31}} \left.\begin{array}{c}\\\\\\\\\\\\\end{array}\right.$$

$$R_2 = \frac{R_{12} \cdot R_{23}}{R_{12} + R_{23} + R_{31}} \right\} \qquad (2-20)$$

$$R_3 = \frac{R_{23} \cdot R_{31}}{R_{12} + R_{23} + R_{31}}$$

以上互换公式可以归纳为：

$$Y\,形电阻 = \frac{\triangle 形相邻电阻的乘积}{\triangle 形电阻之和} \qquad (2-21)$$

$$\triangle 形电阻 = \frac{Y\,形电阻两两乘积之和}{Y\,形不相邻电阻} \qquad (2-22)$$

若 Y 形电路的 3 个电阻相等。即 $R_1 = R_2 = R_3$，则等效△形电路的电阻也相等，为

$$R_{\triangle} = R_{12} = R_{23} = R_{31} = 3R_Y \qquad (2-23)$$

反之，则

$$R_Y = \frac{1}{3} R_{\triangle} \qquad (2-24)$$

利用 Y - △等效互换，可使电路得到简化。

【例 2-3】　在如图 2-7 所示电路中，试求等效电阻 R_{ab}。

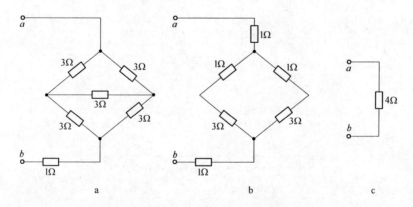

图 2-7　例 2-3 的图

解： 本例中首先应用△- Y 变换，将上部△形电路变成 Y 形电路，得到如图 2-7b 所示电路，再按电阻混联计算，可求得：

$$R_{ab} = 1 + [(1+3) // (1+3)] + 1 = 4\Omega$$

2.5 电压源、电流源的串联和并联

2.5.1 电压源的串并联

实际电路中，根据需要经常将电压源或电流源按不同方式连接。图 2-8a 所示为 n 个电压源的串联电路，由 KVL 知道，n 个电压源的串联可以用一个电压源等效替代（如图 2-8b 所示），这个等效电压源的电压等于各串联电压源电压的代数和，即：

$$u_s = u_{s1} + u_{s2} + \cdots + u_{sn} = \sum_{k=1}^{n} u_{sk} \tag{2-25}$$

当图 2-8a 中 u_{sk} 的参考方向与图 2-8b 中的 u_s 参考方向一致时，式中 u_{sk} 取"+"号，不一致时取"-"号。

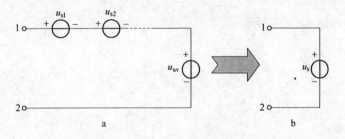

图 2-8 电压源的串联

只有电压相等且极性一致的电压源才允许并联，否则违背 KVL。其等效电路为其中任一电压源。

2.5.2 电流源的串并联

图 2-9a 所示为 n 个电流源的并联电路，由 KCL 知道，n 个电流源的并联可以用一个电流源等效替代（如图 2-9b 所示），这个等效电流源的电流等于各并联电流源电流的代数和，即：

$$i_s = i_{s1} + i_{s2} + \cdots + i_{sn} = \sum_{k=1}^{n} i_{sk} \tag{2-26}$$

当图 2-9a 中 i_{sk} 的参考方向与图 2-9b 中的 i_s 参考方向一致时，式中 i_{sk} 取"+"号，不一致时取"-"号。

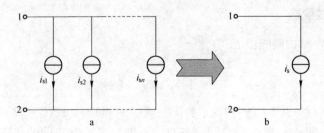

图 2-9 电流源的并联

只有电流相等且方向一致的电流源才允许串联,否则违背 KCL。其等效电路为其中任一电流源。

2.6　实际电源的两种模型及其等效变换

实际电源的内部由于存在损耗,故实际电压源的输出电压和实际电流源的输出电流均随负载功率的增大而减小。

2.6.1　实际电压源

考虑实际电压源有损耗,其电路模型用理想电压源和电阻的串联组合表示,如图 2 - 10a 所示,这个电阻称为电压源的内阻或输出电阻。实际电压源电流与电压的关系为:

$$u = u_s - iR_s \qquad\qquad (2-27)$$

其伏安特性如图 2 - 10b 所示。

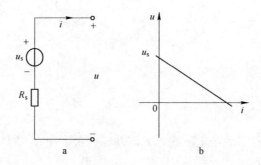

图 2 - 10　实际电压源的电路模型和伏安特性

2.6.2　实际电流源

考虑实际电流源有损耗,其电路模型用理想电流源和电阻的并联组合表示,如图 2 - 11a 所示,这个电阻称为电流源的内阻或输出电阻。实际电流源的电压、电流关系为:

$$i = i_s - Gu \qquad\qquad (2-28)$$

实际电流源的输出电流在一定范围内随着端电压的增大而逐渐下降。因此,一个好的电流源的内阻 $R \to \infty$。其伏安特性如图 2 - 11b 所示。

2.6.3　电源的等效变换

将式(2 - 27)两边同除以 R_s 得:

$$i = \frac{u_s}{R_s} - \frac{u}{R_s} \qquad\qquad (2-29)$$

比较式(2 - 28)和式(2 - 29)可见,当满足式(2 - 30)时,式(2 - 27)和式(2 - 28)完全相同。它们在 i - u 平面上表示的是同一条直线,即二者具有相同的伏安特性(外特性)。因此,实际电源的这两种电路模型可以互相等效变换。

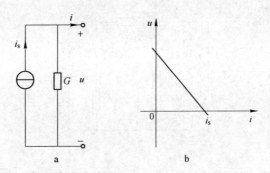

图 2-11 实际电流源的电路模型和伏安特性

$$\left.\begin{array}{c} G = \dfrac{1}{R_s} \\[2mm] i_s = Gu_s \end{array}\right\} \qquad (2-30)$$

图 2-12a 中的实际电压源与图 2-12b 中的实际电流源若满足式（2-30），就可实现等效互换，对于外电路 R_L 来说是等效的。变换时注意 i_s 与 u_s 参考方向的关系。

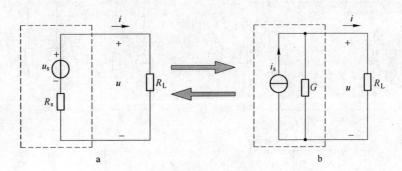

图 2-12 实际电流源和电压源的等效互换

等效是对外部电路而言，即这两种模型具有相同的外特性，它们对外吸收或发出的功率总是一样的。但对内部不等效，如开路时，电压源与电阻的串联组合内部，电压源不发出功率，电阻也不吸收功率，而电流源与电导的并联组合内部，电流源发出功率，且全部为电导所吸收，但在开路时，这两种组合对外都既不发出功率，也不吸收功率。

进行等效变换时应注意以下几点：

（1）"等效"是指"对外"等效（等效互换前后对外伏安特性一致）；

（2）注意转换前后 U_s 与 I_s 的方向相同；

（3）恒压源和恒流源不能等效互换；

（4）理想电源之间的等效电路：与理想电压源并联的元件可去掉；与理想电流源串联的元件可去掉。

【例 2-4】 在如图 2-13a 所示电路中，用电源的等效变换关系，求电阻 R_5 上的电流 I。

解：求 R_5 上电流 I 的过程，可按照图 2-13b→c→d→e→f→g 所示步骤进行。

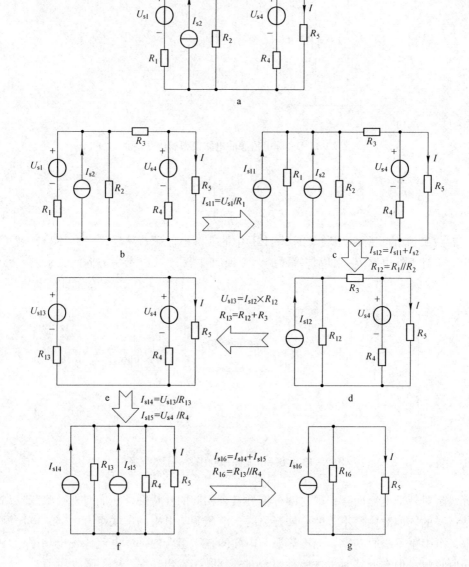

图 2 – 13   例 2 – 4 的图

（1）将电压源 U_{s1} 变成电流源 I_{s11}，如图 2 – 13c 所示；

（2）电流源 I_{s11} 与电流源 I_{s2} 合并为 I_{s12}，如图 2 – 13d 所示；

（3）将电流源 I_{s12} 变成电压源 U_{s13}，如图 2 – 13e 所示；

（4）将电压源 U_{s13} 变为电流源 I_{s14}，电压源 U_{s4} 变为电流源 I_{s15}，如图 2 – 13f 所示；

（5）合并 I_{s15}、I_{s14} 为 I_{s16}，如图 2 – 13g 所示，其中 $I_{s16} = I_{s14} + I_{s15}$，$R_{16} = R_{13}//R_4$；

（6）由图 2 – 13g 用分流定理求得：

$$I = \frac{R_{16}}{R_5 + R_{16}} i_{s16}$$

2.7 输 入 电 阻

如果不关心二端口网络内部电路结构而仅注重外电路对网络的影响，即二端口网络的端口电压、电流分析是主要的甚至是唯一的对象时，一旦二端网络的输入电压和输入电流确定后，二端网络两个输入端之间可等效为一电阻，称该电阻为二端网络的输入电阻 R_{in}。

如果一个二端网络是纯电阻网络（只含电阻），则应用电阻的串、并联，Y-△变换可以求得它的等效电阻，对于这种二端网络，其输入电阻 R_{in} 等于该等效电阻。

如果一个二端网络内部除电阻外还含有受控源，但不含任何独立电源，则其输入电阻 R_{in} 等于端口电压 u_{in} 与电流 i_{in} 之比，即：

$$R_{in} = \frac{u_{in}}{i_{in}} \qquad (2-31)$$

求输入电阻的一般方法称为电压、电流法，即在端口加以电压源，然后求出端口电流；或在端口加以电流源，然后求出端口电压。根据公式（2-31）求得输入电阻。

关于二端网络的详细讨论，可参阅第 8 章的有关内容。

【例 2-5】 求图 2-14a 所示二端网络的输入电阻。

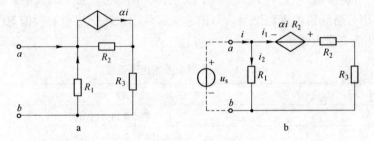

图 2-14 例 2-5 的图

解： 在端口 ab 处加电压 u_s，再由公式（2-31）求输入电阻。

根据电源的等效变换原理，将受控电流源与电阻的并联变换为受控电压源与电阻的串联，如图 2-14b 所示。

由 KVL 和 KCL，有：

$$u_s = -\alpha i R_2 + (R_2 + R_3) i_1 \qquad (2-32)$$
$$u_s = R_1 i_2 \qquad (2-33)$$
$$i = i_1 + i_2 \qquad (2-34)$$

联立式(2-32)～式(2-34)，有：

$$R_{in} = \frac{u_s}{i} = \frac{R_1 R_3 + (1-\alpha) R_1 R_2}{R_1 + R_2 + R_3}$$

2.8 应 用 实 例

2.8.1 用电安全与人体模型

"危险-高压"这种常见的警告容易被误解。在干燥的天气，当摸到一个门把手时就可能遭到静电电击火花，虽然令人不快，但却没有什么伤害，而产生这些火花的电压往往比能够引起伤害的电压大几百或几千倍。

电能能否造成实际伤害取决于电流以及电流如何通过人体，也就是说，通过人体的电流（而不是电压）是产生电击的原因。当然，电阻两边有电压才会产生电流。当人体的某部位接触到一个电压，而另一个部位接触到一个不同的电压或地时，有电流从身体的一个部位流到另一个部位。电流路径与人体加电压的部位有关，而电击的严重性与电压大小、电流流过人体的路径及时间有关。

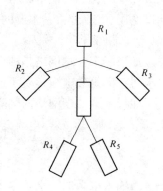

人体电阻一般在 $10 \sim 50 k\Omega$ 之间，并与测量部位、皮肤潮湿程度、体重等有关。电流的大小取决于电压和电阻（图 $2 - 15$）。

电流会对人体产生综合性的影响。例如，电流通过人体后，会产生麻木或不自觉的肌肉收缩。电流产生的生物化学

图 2 – 15　人体简化电路模型

效应将引起一系列的病理反应和变化。尤其严重的是当电流流经心脏时，微小的电流即可引起心室颤动，甚至导致死亡。表 2 – 1 给出人体对不同电流的生理反应，其数据是科学家通过事故原因分析获得的近似结果。目前，大多数国家将交流电有效值 50V 作为安全电压值，10mA 作为安全电流值。

表 2 – 1　人体对电流的生理反应

电流大小/mA	生　理　反　应
1 ~ 5	能感觉到，但无害
10	有害电击，但没有失去肌肉控制
23	严重有害电击，肌肉收缩，呼吸困难
35 ~ 50	极端痛苦
50 ~ 70	肌肉麻痹
235	心脏纤维性颤动，通常在几秒内死亡
500	心脏停止跳动

2.8.2　电压表和电流表量程扩展

实际中用于测量电压、电流的多量程电压表、电流表是由称为微安计的基本电流表头与一些电阻串、并联组成的。微安计所能测量的最大电流为该微安计的量程。例如，一个微安计测量的最大电流为 50 μA，就说该微安计的量程为 50 μA。在测量时通过该微安计的电流不能超过 50 μA，否则微安计将损坏。实际中测量更大的电流、电压时应扩展微安计的量程。下面先通过两个例子说明多量程电压表、电流表的组成原理。

【例 2 – 6】　图 2 – 16 所示电路为微安计与电阻串联组成的多量程电压表，已知微安计内阻 $R_1 = 1 k\Omega$，各挡分压电阻分别为 $R_2 = 9 k\Omega$、$R_3 = 90 k\Omega$、$R_4 = 900 k\Omega$；这个电压表的最大量程（用端钮"0"、"4"测量，端钮"1"、"2"、"3"均断开）为 500V，试计算微

安计的量程及其他量程的电压值。

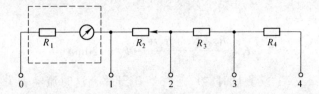

图 2 - 16　多量程电压表

解：当用"0"、"4"端测量时，电压表的总电阻：

$$R = R_1 + R_2 + R_3 + R_4 = 1 + 9 + 90 + 900 = 1000 \text{k}\Omega$$

若这时所测的电压恰为 500V（这时微安计也达到满量程），则通过微安计的最大电流即微安计的量程：

$$I = \frac{U_{40}}{1000 \times 10^3} = \frac{500}{1000 \times 10^3} = 0.5 \text{mA}$$

当电压表量程开关置"1"挡时（"2"、"3"、"4"端钮断开），

$$U_{10} = R_1 I = 1 \times 10^3 \times 0.5 \times 10^{-3} = 0.5 \text{V}$$

当开关置"2"挡时（"1"、"3"、"4"端钮断开），

$$U_{20} = (R_1 + R_2) I = (1 + 9) \times 10^3 \times 0.5 \times 10^{-3} = 5 \text{V}$$

当开关置"3"挡时（"1"、"2"、"4"端钮断开），

$$U_{30} = (R_1 + R_2 + R_3) I = (1 + 9 + 90) \times 10^3 \times 0.5 \times 10^{-3} = 50 \text{V}$$

由此例可见，直接利用该表头测电压，它只能测 0.5V 以下的电压，而串联了分压电阻 R_2、R_3、R_4 之后，作为电压表，它就有 0.5V、5V、50V、500V 四个量程，实现了电压表的量程扩展。

【例 2 - 7】 多量程电流表如图 2 - 17 所示，已知表头内阻 $R_A = 2.3 \text{k}\Omega$，量程为 50μA，各分流电阻分别为 $R_1 = 1\Omega$，$R_2 = 9\Omega$，$R_3 = 90\Omega$。求扩展后各量程。

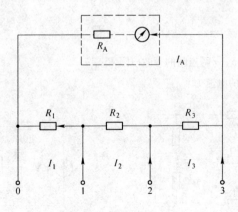

图 2 - 17　多量程电流表

解：基本表头偏转满刻度为 $I_A = 50\mu A$。当用"0"、"1"端钮测量时，"2"、"3"端钮开路，这时 R_1、R_2、R_3 是串联的，而 R_1 与它们并联，根据分流公式，得：

$$I_A = \frac{R_1}{R_1 + R_2 + R_3 + R_A} I_1$$

所以

$$I_1 = \frac{R_1 + R_2 + R_3 + R_A}{R_1} I_A = 120\text{mA}$$

同理，用"0"、"2"端测量时"1"、"3"端开路，这时流经表头的电流仍为 $50\mu\text{A}$。此时 R_1 与 R_2 串联，R_3 与 R_A 串联，二者再相并联，根据分流公式，得：

$$I_A = \frac{R_1 + R_2}{R_1 + R_2 + R_3 + R_A} I_2$$

所以：

$$I_2 = \frac{R_1 + R_2 + R_3 + R_A}{R_1 + R_2} I_A = 12\text{mA}$$

当用"0"、"3"端测量时，"1"、"2"端开路，这时流经表头的满刻度电流还是 $50\mu\text{A}$，此时 R_1、R_2、R_3 串联再与 R_A 并联，由分流公式，得：

$$I_A = \frac{R_1 + R_2 + R_3}{R_1 + R_2 + R_3 + R_A} I_3$$

则有：

$$I_3 = \frac{R_1 + R_2 + R_3 + R_A}{R_1 + R_2 + R_3} I_A = 1.2\text{mA}$$

由此例可以看出，直接利用该表头测量电流，它只能测量 0.05mA 以下的电流且内阻大（本例表头内阻达到 2.3kΩ），而并联电阻 R_1、R_2、R_3 以后，作为电流表，它就有 120mA、12mA、1.2mA 三个量程，实现了电流表的量程扩展，且用扩展量程后的电流表测量电流，电流表的内阻比基本表头的内阻小得多。如用 120mA 量程测量电流，电流表的内阻小于 1Ω。

习　　题

2-1　求图 2-18 所示电路中 a、b 两点间的等效电阻 R_{ab}。

2-2　求图 2-19 所示电路中的电流 I。

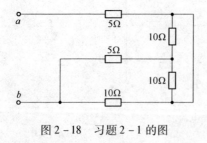

图 2-18　习题 2-1 的图

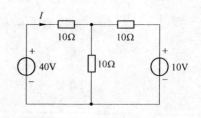

图 2-19　习题 2-2 的图

2-3　电路如图 2-20 所示，求 $\dfrac{I_A}{I_B}$。

2-4　求图2-21所示电路中的电流 I_1。

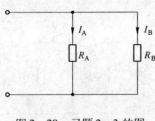

图 2-20　习题 2-3 的图

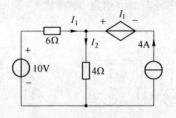

图 2-21　习题 2-4 的图

2-5　图2-22所示电路中，$R_1 = R_2 = R_3 = 6\Omega$，$R_4 = 4\Omega$，$u_s = 10\mathrm{e}^{-2t}\mathrm{V}$，求电压 u_{ab}。

2-6　求图2-23所示电路中的电流 I。

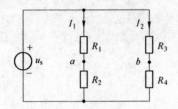

图 2-22　习题 2-5 的图

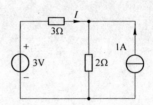

图 2-23　习题 2-6 的图

2-7　电路如图2-24所示，求电压 U。

2-8　图2-25所示电路中，$R_2 = R_3 = R_4 = 1\Omega$，$R_1 = 3\Omega$，$R_5 = 1.5\Omega$，$u_s = 15\cos(t)\mathrm{V}$，求电流 I。

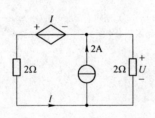

图 2-24　习题 2-7 的图

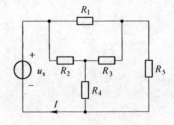

图 2-25　习题 2-8 的图

2-9　求图2-26所示电路中 a、b 两点间的电压 u_{ab}。

2-10　求图2-27所示电路的输入电阻 R_{ab}。

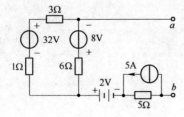

图 2-26　习题 2-9 的图

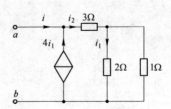

图 2-27　习题 2-10 的图

2-11 求图2-28所示电路中的电压 U 和电流 I。

2-12 求图2-29所示电路中的电流 I。

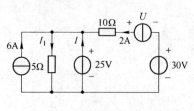

图 2-28 习题 2-11 的图

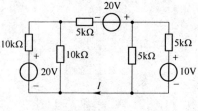

图 2-29 习题 2-12 的图

3 电阻电路的一般分析

本章导读

本章介绍建立线性电阻电路方程的另一种方法，内容包括：电路图论的初步概念，支路电流法，网孔法，回路法和节点法。通过本章的学习要求能熟练列出电路方程。

3.1 图论初步

本章介绍另一种求解电路的方法，这种方法不要求改变电路的结构而求出所需的结果。首先，选择一组合适的电路变量（如电流或电压），根据 KCL 和 KVL 及元件的电压电流关系（VAR）建立该组变量的独立方程组，即电路方程，然后从方程中解出电路变量。

3.1.1 "图"的初步概念

KCL 和 KVL 分别表明支路电流之间和支路电压之间的约束关系。由于这些约束关系与构成电路的元件性质无关，因此，在研究这些约束关系时可以不考虑元件特征。一般可以用一线段来代替电路中的每一个元件，称之为支路，线段的端点称为节点，这样得到的几何结构图称为"图形"或"图"（graph）。研究"图"的理论称为图论。

以下介绍一些有关图论的初步知识，并应用其研究电路的连接性质，讨论应用图的方法选择电路方程的独立变量。

如前所述，一个图 G 是结点和支路的集合，每条支路的两端都连到相应的结点上，这里的支路只是一个抽象的线段，在图的定义中，结点和支路各自是一个整体，但任一条支路必须终止在结点上。移去一条支路并不意味着同时把它连接的结点也移去，但若移去一个结点，则应当把与该结点连接的全部支路都同时移去。电路的图是指把电路中每一条支路画成抽象的线段形成的一个结点和支路的集合，显然，实际电路中由具体元件构成的电路支路以及结点与上述图论中关于支路和结点的概念是有区别的，电路的支路是实体，结点只是支路的汇集点。

如图 3 - 1a 中，如果认为每一个二端元件构成电路的一条支路，则图 3 - 1b 就是该电路的图。有时为了需要，可以把元件的串联组合作为一条支路处理，并以此为根据画出电路的图如图 3 - 1c 所示。或者把元件的并联组合作为一条支路，如图 3 - 1d 所示。所以，当用不同的元件结构定义电路的一条支路时，该电路以及它的图的结点数和支路数将随之而不同。

在电路中通常指定每一条支路中的电流参考方向，电压一般取关联参考方向。电路的图的每一条支路也可以指定一个方向，此方向即该支路电流（和电压）的参考方向。赋予支路方向的图称为"有向图"，未赋予支路方向的图称为"无向图"。图 3 – 1b、图 3 – 1c 为无向图，图 3 – 1d 为有向图。

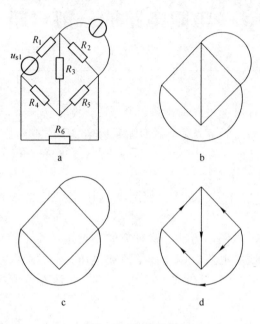

图 3 – 1　电路的图

3.1.2　利用图确定独立回路

图 3 – 2 示出了一个电路的图，它的结点和支路都已分别加以编号，并给出了支路的方向，该参考方向也即支路电流和与之关联的支路电压的参考方向。

对结点①、②、③、④分别列出 KCL 方程有：

$$i_1 - i_4 - i_6 = 0$$
$$-i_1 - i_2 + i_3 = 0$$
$$i_2 + i_5 + i_6 = 0$$
$$-i_3 + i_4 - i_5 = 0$$

由于对所有结点都列写了 KCL 方程，而每一支路无例外地与 2 个结点相连，且每个支路电流必然从一个结点流出，流入另一个结点。因此，在所有 KCL 方程中，每个支路电流必然出现 2 次，一次为正，一次为负。若把以上 4 个方程相加，必然得出等号两边为零的结果，这意味着，这 4 个方程不是相互独立的，但其中任意 3 个是独立的。可以证明，对于具有 n 个结点的电路，有 $(n-1)$ 个独立的 KCL 方程，相应的 $(n-1)$ 个结点称为独立结点。

从图 G 中的某一点出发，沿着一些支路移动，从而到达另一结点，这样的一系列支路构成图 G 的路径。当然，一条支路也算作一条路径。当 G 的任意两个结点之间至少存在一条路径时，G 就称为连通图。例如图 3 – 2 就是连通图。如果一条路径的起点和终点重合，且经过的其他结点都相异，这条闭合路径就构成图 G 的一个回路。例如对图 3 – 3，支路 (1，5，8)、(2，5，6)、(1，2，3，4)、(1，2，6，8) 等都是回路；其他还有支路 (4，7，8)、(3，6，7)、(1，5，7，4)、(3，4，8，6)、(2，3，7，5)、(1，2，6，7，4)、(1，2，3，7，8)、(2，3，4，5，8)、(1，5，6，3，4) 等构成的 9 个回路，总共有 13 个不同的回路。但是独立回路远少于总的回路数。

应用 KVL，对每个回路可以列出有关支路电压的 KVL 方程。例如，对图 3 – 3 所示图 G，如果按支路 (1，5，8) 和支路 (2，5，6) 分别构成的 2 个回路列出 2 个 KVL 方程，不论支路电压和绕行方向怎样指定，支路 5 的电压将在这两个方程中出现，因为该支路是这 2 个回路的共有支路。把这 2 个方程相加或相减总可以把支路 5 的电压消去，而得到的支路电压将是按支路 (1，2，6，8) 构成回路的 KVL 方程。可见这 3 个回路（方程）是相互不独立的，因为其中任何一个回路（方程）可以由其他 2 个回路（方程）导出。因此这 3 个回路中只有 2 个独立回路。

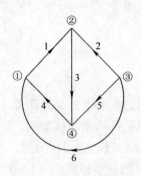

图 3 – 2　电路的图例

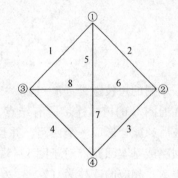

图 3 – 3　回路

3.2 "树"的概念

3.2.1 "树"和"枝"

当图的回路数很多时，如何确定一组独立回路有时不太容易。利用所谓"树"的概念有助于寻找一个图的独立回路组，从而得到独立的 KVL 方程组。树的定义是：一个连通图 G 的树 T 包含 G 的全部结点和部分支路，而树 T 本身是连通的且不包含回路。

对于图 3 – 3 所示图 G，符合上述定义的树有很多，图 3 – 4a ~ 图 3 – 4c 绘出了其中的 3 个。图 3 – 4d、图 3 – 4e 不是该图的树，因为图 3 – 4d 中包含了回路，图 3 – 4e 则是非连通的。树中包含的支路称为该树的树枝，而其他支路则称为对应于该树的连枝。例如图 3 – 4a 的树 T_1，它具有树枝 (5，6，7，8)；相应的连枝为 (1，2，3，4)。对图 3 – 4b 所示树 T_2，其树枝为 (1，3，5，6)；相应的连枝为 (2，4，7，8)。树枝和连枝一起构成图 G 的全部支路。

图 3 – 3 的图 G 有 5 个结点，图 3 – 4a ~ 图 3 – 4c 所示 G 的每一个树具有 4 条支路；图 3 – 4d 有 5 条支路，它不是树，图 3 – 4e 只有 3 条支路，它也不是树。这个图 G 有许多不同的树，但不论是哪一个树，树枝总数是 4。可以证明，任一个具有 n 个结点的连通图，

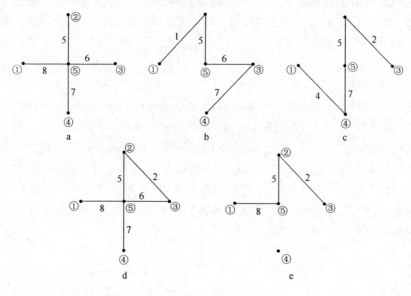

图 3-4 树

它的任何一个树的树枝数是 (n-1)。

由于连通图 G 的树枝连接所有结点又不形成回路，因此，对于 G 的任意一个树，加入一个连枝后，就会形成一个回路，并且此回路除所加连枝外均由树枝组成，这种回路称为单连枝回路或基本回路。对于图 3-5a 所示图 G，取支路 (1, 4, 5) 为树，在图 3-5b 中以实线表示，相应的连枝为 (2, 3, 6)。对应于这一树的基本回路是 (1, 3, 5)、(1, 2, 4, 5) 和 (4, 5, 6)。每一个基本回路仅含一个连枝，且这一连枝并不出现在其他基本回路中。由全部连枝形成的基本回路构成基本回路组。显然，基本回路组是独立回路组。根据基本回路列出的 KVL 方程组是独立方程。所以，对一个结点数是 n，支路数是 b 的连通图，其独立回路数 $l = (b - n + 1)$。选择不同的数，就可以得到不通的基本回路组。

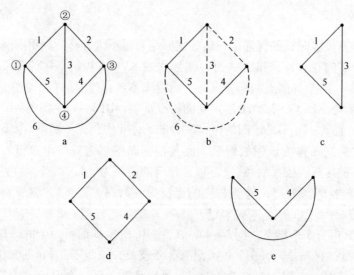

图 3-5 基本回路

图 3 –5c ~图 3 –5e 是以支路（1，4，5）为树相对应的基本回路组。

3.2.2 图的平面图和网孔

如果把一个图画在平面上，能使它的各条支路除连接的结点外不再交叉，这样的图称为平面图，否则称为非平面图。图 3 –6a 是一个平面图，图 3 –6b 则是典型的非平面图。对于一个平面图，还可以引入网孔的概念。平面图的一个网孔是它的一个自然"孔"，它所限定的区域内不再有支路。对图 3 –6a 所示的平面图，支路（1，3，5）、（2，3，7）、（4，5，6）、（4，7，8）、（6，8，9）都是网孔；支路（1，2，8，6）、（2，3，4，8）等不是网孔。平面图的全部网孔是一组独立回路，所以平面图的网孔数也就是独立回路数。图 3 –6a 的平面图有 5 个结点，9 条支路，独立回路数 $l = (b - n + 1) = 5$，而它的网孔数正好也是 5 个。

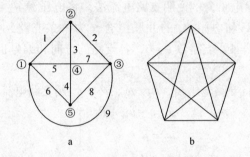

图 3 –6　平面图与非平面图

一个电路的 KVL 独立方程数等于它的独立回路数。以图 3 –7a 所示电路的图为例，如果取支路（1，4，5）为树，则 3 个基本回路见图 3 –7b。

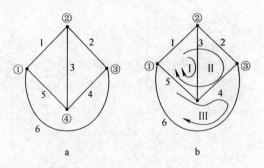

图 3 –7　基本回路的 KVL 方程

按照图中的电压和电流的参考方向及回路绕行方向，计及支路及回路的编号，可以列出 KVL 方程如下：

回路 Ⅰ：$\qquad u_1 + u_3 + u_5 = 0$

回路 Ⅱ：$\qquad u_1 - u_2 + u_4 + u_5 = 0$

回路 Ⅲ：$\qquad -u_4 - u_5 + u_6 = 0$

这是一组独立方程。

3.3 支路电流法

对一个具有 b 条支路和 n 个结点的电路，当以支路电压和支路电流为电路变量列写方程时，总计有 $2b$ 个未知量，根据 KCL 可以列出（$n-1$）个独立方程，根据 KVL 可以列出（$b-n+1$）个独立方程，根据元件的 VCR 又可列出 b 个方程。总计方程数为 $2b$，与未知量数相等。因此，可由 $2b$ 个方程解出 $2b$ 个支路电压和支路电流。这种方法称为 $2b$ 法。

为了减少求解的方程数，可以利用元件的 VAR 将各支路电压以支路电流表示，然后代入 KVL 方程，这样，就得到以 b 个支路电流为未知量的 b 个 KCL 和 KVL 方程。方程个数从 $2b$ 减少到 b。这种方法称作支路电流法。

现在以图 3-8a 所示电路为例说明支路电流法。将电压源 u_{s1} 和电阻 R_1 的串联组合作为一条支路，把电流源 i_{s5} 和电阻 R_5 的并联组合作为一条支路，如此作出电路的图如图 3-8b 所示，其结点数 $n=4$，支路数 $b=6$，各支路的方向和编号也示于图中。求解变量为 i_1，i_2，i_3，$\cdots$，i_6。

先利用元件的 VAR 将支路电压 u_1，u_2，u_3，$\cdots$，u_6 用支路电流 i_1，i_2，i_3，$\cdots$，i_6 表示：

$$\left.\begin{aligned}
u_1 &= -u_{s1} + R_1 i_1 \\
u_2 &= R_2 i_2 \\
u_3 &= R_3 i_3 \\
u_4 &= R_4 i_4 \\
u_5 &= R_5 i_5 + R_5 i_{s5} \\
u_6 &= R_6 i_6
\end{aligned}\right\} \tag{3-1}$$

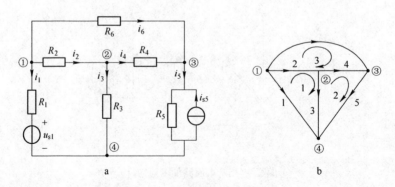

图 3-8 支路电流法

对独立结点①、②、③列出 KCL 方程，有：

$$\left.\begin{aligned}
-i_1 + i_2 + i_6 &= 0 \\
-i_2 + i_3 + i_4 &= 0 \\
-i_4 + i_5 - i_6 &= 0
\end{aligned}\right\} \tag{3-2}$$

选择网孔作为独立回路，按图 3-8b 所示回路绕行方向列出 KVL 方程：

$$\left.\begin{array}{r} u_1 + u_2 + u_3 = 0 \\ -u_3 + u_4 + u_5 = 0 \\ -u_2 - u_4 + u_6 = 0 \end{array}\right\} \tag{3-3}$$

将式（3-1）代入式（3-3）得：

$$-u_{s1} + R_1 i_1 + R_2 i_2 + R_3 i_3 = 0$$
$$-R_3 i_3 + R_4 i_4 + R_5 i_5 + R_5 i_{s5} = 0$$
$$-R_2 i_2 - R_4 i_4 + R_6 i_6 = 0$$

把上式中的 u_{s1} 和 $R_5 i_{s5}$ 项移到方程的右边，有：

$$\left.\begin{array}{r} R_1 i_1 + R_2 i_2 + R_3 i_3 = u_{s1} \\ -R_3 i_3 + R_4 i_4 + R_5 i_5 = -R_5 i_{s5} \\ -R_2 i_2 - R_4 i_4 + R_6 i_6 = 0 \end{array}\right\} \tag{3-4}$$

式（3-2）和式（3-4）就是以支路电流 i_1，i_2，i_3，…，i_6 为未知量的支路电流方程。

式（3-4）可归纳为： $\sum R_k i_k = \sum u_{sk}$ (3-5)

式中 $R_k i_k$ 为回路中第 k 个支路的电阻上的电压，求和遍及回路中的所有支路，且当 i_k 参考方向与回路方向一致时，前面取"＋"号；不一致时，取"－"号；右方 u_{sk} 为回路中第 k 支路的电源电压，电源电压包括电压源，也包括电流源引起的电压。例如在支路5中并无电压源，仅为电流源和电阻的并联组合，单可将其等效变换为电压源与电阻的串联组合，其等效电压源为 $R_5 i_{s5}$，串联电阻为 R_5。在取代数和时，当 u_{sk} 与回路方向一致时，前面取"－"号（因移在等号另一侧），u_{sk} 与回路方向不一致时，前面取"＋"号，此式实际上是 KVL 的另一种表达式，即任一回路中，电阻电压的代数和等于电压源电压的代数和。

列出支路电流法的电路方程的步骤如下：

（1）选定各支路电流的参考方向；

（2）根据 KCL 对 $(n-1)$ 个独立结点列出方程；

（3）选取 $(b-n+1)$ 个独立回路，指定回路的绕行方向，按照式（3-5）列出 KVL 方程。

支路电流法求 b 个支路电压均能以支路电流表示，即存在式（3-1）形式的关系。当一条支路仅含电流源而不存在与之并联的电阻时，就无法将支路电压以支路电流表示。这种无并联电阻的电流源称为无伴电流源。当电路中存在这类支路时，必须加以处理后才能应用支路电流法。

如果将支路电流用支路电压来表示，然后代入 KCL 方程，连同支路电压的 KVL 方程，可以得到以支路电压为变量的 b 个方程，这就是支路电压法。

【例3-1】 电路如图3-9所示电路，试列出电路的 KVL 方程式。

解：在图3-9所示电路中，有4个结点、6条支路、7个回路、3个网孔。若对该电路应用支路电流法进行求解，最少要列出6个独立的方程式。应用支路电流法，列出相应的方程式如下（在图中首先标出各支路电流的参考方向和回路的参考绕行方向，如各虚线的箭头所示）：

选择 A、B、C 三个结点作为独立结点，分别对它们列写 KCL 方程式如下：

$$\left.\begin{array}{l} I_1 + I_3 - I_4 = 0 \\ I_4 + I_5 - I_6 = 0 \\ I_2 - I_3 - I_5 = 0 \end{array}\right\}$$

选取三个网孔作为独立回路，分别对它们列写 KVL 方程式如下：

$$\left.\begin{array}{l} I_1 R_1 + I_4 R_4 + I_6 R_6 = U_{s1} \\ I_2 R_2 + I_5 R_5 + I_6 R_6 = U_{s2} \\ I_4 R_4 - I_5 R_5 + I_3 R_3 = U_{s3} \end{array}\right\}$$

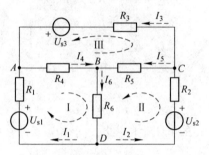

图 3 – 9　例 3 – 1 的图

3.4　网孔电流法

网孔电流法是以网孔电流作为电路的独立变量，它仅适用于平面电路，以下通过图 3 – 10a 所示电路说明。图 3 – 10b 是此电路的图，该电路共有 3 条支路，给定的支路编号和参考方向如图所示。

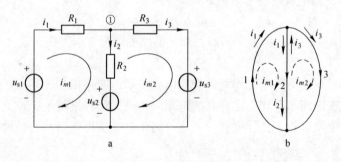

图 3 – 10　网孔电流法

在结点①应用 KCL 有：

$$-i_1 + i_2 + i_3 = 0$$

或

$$i_2 = i_1 - i_3$$

可见 i_2 不是独立的，它由 i_1、i_3 决定，可以分为两部分，即 i_1 和 i_3。现在想象有两个电流 $i_{m1}(\,=i_1\,)$ 和 $i_{m2}(\,=i_3\,)$ 分别沿此平面电路的两个网孔连续流动。由于支路 1 只有电流

i_{m1} 流过，支路电流仍为 i_1，支路 3 只有电流 i_{m2} 流过，支路电流仍等于 i_3，但是支路 2 有两个网孔电流同时流过，支路电流将是 i_{m1} 和 i_{m2} 的代数和，即 $i_2 = i_{m1} - i_{m2} = i_1 - i_3$。沿着网孔 1 和网孔 2 流动的假想电流 i_{m1} 和 i_{m2} 称为网孔电流，由于把各支路电流当作有关网孔电流的代数和，必自动满足 KCL。所以用网孔电流作为电路变量时，只需按 KVL 列出电路方程。以网孔电流为未知量，根据 KVL 对全部网孔列出方程，由于全部网孔是一组独立回路，这组方程将是独立的，这种方法称为网孔电流法。

现以图 3 – 10a 所示电路为例，对网孔 1 和 2 列出 KVL 方程，列方程时，以各自的网孔电流方向为绕行方向，有：

$$\left. \begin{array}{l} u_1 + u_2 = 0 \\ -u_2 + u_3 = 0 \end{array} \right\} \tag{3-6}$$

式中，u_1、u_2、u_3 为支路电压。

各支路的 VAR 为：

$$\left. \begin{array}{l} u_1 = -u_{s1} + R_1 i_1 = -u_{s1} + R_1 i_{m1} \\ u_2 = R_2 i_2 + u_{s2} = R_2 (i_{m1} - i_{m2}) + u_{s2} \\ u_3 = R_3 i_3 + u_{s3} = R_3 i_{m2} + u_{s3} \end{array} \right\}$$

代入式（3 – 6）并整理后得：

$$\left. \begin{array}{l} (R_1 + R_2) i_{m1} - R_2 i_{m2} = u_{s1} - u_{s2} \\ -R_2 i_{m1} + (R_2 + R_3) i_{m2} = u_{s2} - u_{s3} \end{array} \right\} \tag{3-7}$$

式（3 – 7）即是以网孔电流为求解对象的网孔电流方程。

现用 R_{11} 和 R_{22} 分别代表网孔 1 和网孔 2 的自阻，它们分别是网孔 1 和网孔 2 中所有电阻之和，即 $R_{11} = R_1 + R_2$，$R_{22} = R_2 + R_3$；用 R_{12} 和 R_{21} 代表网孔 2 和网孔 2 的互阻，即两个网孔的共有电阻，本例中 $R_{12} = R_{21} = -R_2$。上式可改为：

$$\left. \begin{array}{l} R_{11} i_{m1} - R_{12} i_{m2} = u_{s11} \\ R_{21} i_{m1} + R_{22} i_{m2} = u_{s22} \end{array} \right\} \tag{3-8}$$

此方程可理解为 $R_{11} i_{m1}$ 项代表网孔电流 i_{m1} 和网孔 1 内各电阻上引起的电压之和，$R_{11} i_{m2}$ 项代表网孔电流 i_{m2} 在网孔 2 内各电阻上引起的电压之和。由于网孔绕行方向和网孔电流取为一致，故 R_{11} 和 R_{22} 总为正值。$R_{12} i_{m2}$ 项代表网孔电流 i_{m2} 在网孔 1 中引起的电压，而 $R_{21} i_{m1}$ 项代表网孔电流 i_{m1} 在网孔 2 中引起的电压。当两个网孔电流在共有电阻上的参考方向相同时，$i_{m2}(i_{m1})$ 引起的电压与网孔 1（2）的绕行方向一致，应当为正，反之为负。为了使方程形式整齐，把这类电压前的" + "或" – "号包括在有关的互阻中。这样，当通过网孔 1 和网孔 2 的共有电阻上的两个网孔电流的参考方向相同时，互阻（R_{12}，R_{21}）取正，反之取负。在本例中 $R_{12} = R_{21} = -R_2$。

对具有 m 个网孔的平面电路，网孔电流方程的一般形式可以由式（3 – 8）推广而得，即有：

$$\left. \begin{array}{l} R_{11} i_{m1} + R_{12} i_{m2} + R_{13} i_{m3} + \cdots + R_{1m} i_{mm} = u_{s11} \\ R_{21} i_{m1} + R_{22} i_{m2} + R_{23} i_{m3} + \cdots + R_{2m} i_{mm} = u_{s22} \\ \vdots \\ R_{m1} i_{m1} + R_{m2} i_{m2} + R_{m3} i_{m3} + \cdots + R_{mm} i_{mm} = u_{smm} \end{array} \right\} \tag{3-9}$$

式中具有相同下标的电阻 R_{11}、R_{22}、R_{33} 等是各网孔的自阻，有不同下标的电阻 R_{12}、R_{13}、R_{23} 等是网孔间的互阻。自阻总是正的，互阻的正负则视两网孔电流在共有支路上参考方向是否相同而定。方向相同时为正，方向相反时为负。显然，如果两个网孔之间没有共有支路，或者有共有支路但其电阻为零（例如共有支路间仅有电压源），则互阻为零。如果将所有网孔电流都取为顺（或逆）时针方向，则所有互阻总是负的。在不含受控源的电阻电路中，$R_{ik} = R_{ki}$。方程右方 u_{s11}、u_{s22}…为网孔 1、2…等的总电压源的电压，各电压源的方向与网孔电流一致时，前面取 " + " 号，否则取 " − " 号。

【例 3 – 2】 在图 3 – 11 所示直流电路中，电阻和电压源均为已知，试用网孔电流法求各支路电流。

解： 电路为平面电路，共有 3 个网孔。

（1）选取网孔电流 Ⅰ、Ⅱ、Ⅲ 如图所示。

（2）列网孔电流方程。

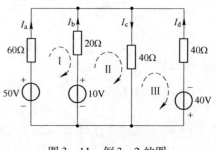

图 3 – 11 例 3 – 2 的图

由：
$$R_{11} = (60 + 20)\,\Omega = 80\,\Omega$$
$$R_{22} = (40 + 20)\,\Omega = 60\,\Omega$$
$$R_{33} = (40 + 40)\,\Omega = 80\,\Omega$$
$$R_{12} = R_{21} = -20\,\Omega$$
$$R_{13} = R_{31} = 0$$
$$R_{23} = R_{32} = -40\,\Omega$$
$$U_{s11} = (50 - 10)\,V = 40\,V$$
$$U_{s22} = 10\,V$$
$$U_{s33} = 40\,V$$

得网孔电流方程为：

$$80I_1 - 20I_2 = 40$$
$$-20I_1 + 60I_2 - 40I_3 = 10$$
$$-40I_2 + 80I_3 = 40$$

解得：

$$I_1 = 0.786\,A$$
$$I_2 = 1.143\,A$$
$$I_3 = 1.071\,A$$

则各支路电流为：

$$I_a = I_1 = 0.786\,A$$
$$I_b = -I_1 + I_2 = 0.357\,A$$
$$I_c = I_2 - I_3 = 0.072\,A$$
$$I_d = -I_3 = -1.071\,A$$

3.5 回路电流法

网孔电流法仅适用于平面电路，回路电流法则无此限制，它适用于平面或非平面电路。回路电流法是一种适用性较强并获得广泛应用的分析方法。

如同网孔电流是在网孔中连续流动的假象电流，回路电流是在一个回路中连续流动的假象电流。回路电流法是以一组独立回路电流为电路变量的求解方法，通常选择基本回路作为独立回路，这样，回路电流就将是相应的连枝电流。

以图 3 – 12 所示电路为例，如果选支路（4，5，6）为树，可以得到以支路（1，2，3）为单连枝的 3 个基本回路，他们是独立回路。把连枝电流 i_1、i_2、i_3 分别作为在各自单连枝回路中流动的假象回路电流 i_{l1}、i_{l2}、i_{l3}。支路 4 为回路 1 和 2 共有，而其方向与回路 1 的绕行方向相反，与回路 2 的绕行方向相同，所以有：

$$i_4 = -i_{l1} + i_{l2}$$

同理，可以得出支路 5 和支路 6 的电流 i_5 和 i_6 为：

$$i_5 = -i_{l1} - i_{l3}$$

$$i_6 = -i_{l1} + i_{l2} - i_{l3}$$

从以上 3 式可见，树枝电流可以通过连枝电流或回路电流表达，即全部支路电流可以通过回路电流表达。

另一方面，如果对结点①、②、③分别列出 KCL 方程，有：

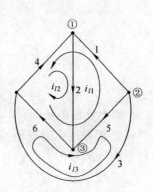

图 3 – 12　回路电流

$$i_4 = -i_1 + i_2 = -i_{l1} + i_{l2}$$

$$i_5 = -i_1 - i_3 = -i_{l1} - i_{l3}$$

$$i_6 = -i_1 + i_2 - i_3 = -i_{l1} + i_{l2} - i_{l3}$$

它们与前 3 式相同，可见回路电流的假定自动满足 KCL 方程。

具有 b 个支路和 n 个结点的电路，b 个支路电流受（$n-1$）个 KCL 方程的约束，仅有（$b-n+1$）个独立变量，所以（基本）回路电流可以作为电路的独立变量。如果选择的独立回路不是基本（单连枝）回路，上述结论同样成立。在回路电流法中，只需按照 KVL 列方程，不必再用 KCL。

对于 b 个支路，n 个结点的电路，回路电流数 $l = (b-n+1)$。KVL 方程中，支路中各电阻上的电压都可表示为这些回路电流作用的结果。与网孔电流法方程（3–9）相似，可写出回路电流方程的一般形式：

$$\left. \begin{array}{l} R_{11}i_{l1} + R_{12}i_{l2} + R_{13}i_{l3} + \cdots + R_{1l}i_{ll} = u_{s11} \\ R_{21}i_{l1} + R_{22}i_{l2} + R_{23}i_{l3} + \cdots + R_{2l}i_{ll} = u_{s22} \\ \vdots \\ R_{m1}i_{l1} + R_{m2}i_{l2} + R_{m3}i_{l3} + \cdots + R_{ll}i_{ll} = u_{sll} \end{array} \right\} \qquad (3-10)$$

式中具有相同下标的电阻 R_{11}、R_{12}、R_{14} 等是各回路的自阻，有不同下标的电阻 R_{12}、R_{13}、R_{23} 等是回路间的互阻。自阻总是正的，互阻的正负取决于相关两个回路共有支路上两回路电流的方向是否相同，相同时取正，相反时取负。显然，若两个回路间无共有电阻，则相应的互阻为零。方程右方的 u_{s11}、u_{s22}…等分别为各回路 1、2…等中的电压源的代数和，取和时，与回路电流方向一致的电压源前应取"＋"号，否则取"－"号。

【例 3 – 3】　图 3 – 13 中，阐述回路电流法的适用范围。

已知负载电阻 $R_L = 24\Omega$，两台发电机的电源电压 $U_{s1} = 130\text{V}$、$U_{s2} = 117\text{V}$，其内阻 $R_1 = 1\Omega$、$R_2 = 0.6\Omega$。

解：把例 3 – 3 用回路电流法求解的过程和例 3 – 1 用支路电流法求解的过程相比，回路电流法列写的方程数目少，但最后还必须根据回路电流和支路电流之间的关系求出客观存在的支路电流，如果一个复杂电路中，支路数较多、网孔数较少时，回路电流法就会显示出其优越性。

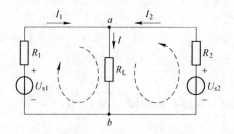

图 3 - 13　例 3 - 3 的图

回路电流法的步骤可归纳如下：

（1）根据给定的电路，通过选择一个数确定一组基本回路，并指定各回路电流（即连枝电流）的参考方向。

（2）按一般公式（3 - 10）列出回路电流方程，注意自阻总是正的，互阻的正负由相关的两个回路电流通过共有电阻时两者的参考方向是否相同而定。

（3）当电路中有受控源或无伴电流源时，需另行处理。

（4）对于平面电路可用网孔法。

3.6　结点电压法

在电路中任意选择某一点为参考结点，其他结点与此参考结点之间的电压称为结点电压。结点电压的参考极性是以参考结点为负，其余独立结点为正。结点电压法以结点电压为求解变量，并对独立结点用 KCL 列出用结点电压表达的有关支路电流方程。由于任一支路都连接在两个结点上，根据 KVL，不难断定支路电压是两个结点电压之差。例如，对于图 3 - 14 所示电路及其图，结点的编号和支路的编号及参考方向均示于图中。电路的结点数为 4、支路数为 6。以结点①为参考，并将结点①、②、③的结点电压分别用 u_{n1}、

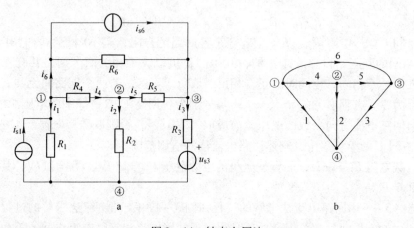

图 3 - 14　结点电压法

u_{n2}、u_{n3} 表示，根据 KVL，可得：

$$u_4 + u_2 - u_1 = 0$$

其中 u_1、u_2、u_4 分别为支路 1、2、4 的支路电压。由于 $u_{n1} = u_1$，$u_{n2} = u_2$，因此有 $u_4 = u_1 - u_2 = u_{n1} - u_{n2}$。可见，支路电压 $u_5 = u_{n2} - u_{n3}$，$u_6 = u_{n1} - u_{n3}$，$u_3 = u_{n3}$。全部支路电压可以通过结点电压表示。由于 KVL 已自动满足，所以结点电压法中不必再列 KVL 方程。

支路电流 i_1、i_2、i_3、$\cdots$、i_6 可以分别用有关结点电压表示，即：

$$\left.\begin{aligned}
i_1 &= \frac{u_1}{R_1} - i_{s1} = \frac{u_{n1}}{R_1} - i_{s1} \\[2mm]
i_2 &= \frac{u_2}{R_2} = \frac{u_{n2}}{R_2} \\[2mm]
i_3 &= \frac{u_3 - u_{s3}}{R_3} = \frac{u_{n3} - u_{s3}}{R_3} \\[2mm]
i_4 &= \frac{u_4}{R_4} = \frac{u_{n1} - u_{n2}}{R_4} \\[2mm]
i_5 &= \frac{u_5}{R_5} = \frac{u_{n2} - u_{n3}}{R_5} \\[2mm]
i_6 &= \frac{u_6}{R_6} + i_{s6} = \frac{u_{n1} - u_{n3}}{R_6} + i_{s6}
\end{aligned}\right\} \qquad (3-11)$$

对结点①、②、③应用 KCL，有：

$$\left.\begin{aligned}
i_1 + i_4 + i_6 &= 0 \\
i_2 - i_4 + i_5 &= 0 \\
i_3 - i_5 - i_6 &= 0
\end{aligned}\right\} \qquad (3-12)$$

将支路电流表达式（3-11）代入式（3-12）并整理得：

$$\left.\begin{aligned}
\left(\frac{1}{R_1} + \frac{1}{R_4} + \frac{1}{R_6}\right)u_{n1} - \frac{1}{R_4}u_{n2} - \frac{1}{R_6}u_{n3} &= i_{s1} - i_{s6} \\[2mm]
-\frac{1}{R_4}u_{n1} + \left(\frac{1}{R_2} + \frac{1}{R_4} + \frac{1}{R_5}\right)u_{n2} - \frac{1}{R_5}u_{n3} &= 0 \\[2mm]
-\frac{1}{R_6}u_{n1} - \frac{1}{R_5}u_{n2} + \left(\frac{1}{R_3} + \frac{1}{R_5} + \frac{1}{R_6}\right)u_{n3} &= i_{s6} + \frac{u_{s3}}{R_3}
\end{aligned}\right\} \qquad (3-13)$$

式（3-13）可写为：

$$\left.\begin{aligned}
(G_1 + G_4 + G_6)u_{n1} - G_4 u_{n2} - G_6 u_{n3} &= i_{s1} - i_{s6} \\
-G_4 u_{n1} + (G_2 + G_4 + G_5)u_{n2} - G_5 u_{n3} &= 0 \\
-G_6 u_{n1} - G_5 u_{n2} + (G_3 + G_5 + G_6)u_{n3} &= i_{s6} + G_3 u_{s3}
\end{aligned}\right\} \qquad (3-14)$$

式中，G_1、G_2、$\cdots$、G_6 为支路 1、2、$\cdots$、6 的电导。列结点电压方程时，可以根据观察按 KCL 直接写出式（3-15）或式（3-16）。为归纳出更为一般的结点电压方程，可令 $G_{11} = G_1 + G_4 + G_6$、$G_{22} = G_2 + G_4 + G_5$、$G_{33} = G_3 + G_5 + G_6$ 分别为结点①、②、③的自导，自导总是正的，它等于连于各结点支路电导之和；令 $G_{12} = G_{21} = -G_4$、$G_{13} = G_{31} = -G_6$、$G_{23} = G_{32} = -G_5$ 分别为①和②、①和③、②和③这 3 对结点间的互导，互导总是正的，它们等于连接于两结点间支路电导的负值。方程右 i_{s11}、i_{s22}、i_{s33}，分别表示结点①、②、③的注

入电流。注入电流等于流向结点的电流源的代数和，流入结点的前面取"＋"号，流出结点的取"－"号。注入电流源还包括电压源和电阻串联组合经等效变换后形成的电流源。

在上例中，结点③除了有 i_{s6} 流入外，还有电压源 u_{s3} 形成的等效电流源 $\dfrac{u_{s3}}{R_3}$。3 个独立结点的结点电压方程为：

$$\left.\begin{array}{l} G_{11}u_{n1} + G_{12}u_{n2} + G_{13}u_{n3} = i_{s11} \\ G_{21}u_{n1} + G_{22}u_{n2} + G_{23}u_{n3} = i_{s22} \\ G_{31}u_{n1} + G_{32}u_{n2} + G_{33}u_{n3} = i_{s33} \end{array}\right\} \qquad (3-15)$$

推广有：

$$\left.\begin{array}{l} G_{11}u_{n1} + G_{12}u_{n2} + G_{13}u_{n3} + \cdots + G_{1,n-1}u_{n,n-1} = i_{s11} \\ G_{21}u_{n1} + G_{22}u_{n2} + G_{23}u_{n3} + \cdots + G_{2n-1}u_{n,n-1} = i_{s22} \\ \vdots \\ G_{n-1,1}u_{n1} + G_{n-1,2}u_{n2} + G_{n-1,3}u_{n3} + \cdots + G_{n-1,n-1}u_{n,n-1} = i_{s(n-1),(n-1)} \end{array}\right\} \qquad (3-16)$$

求得各结点电压后，可以根据 VAR 求出各支路电流。列结点电压方程时，不需要事先指定支路电流的参考方向，结点电压方程本身已包含了 KVL，而以 KCL 的形式写出，如需要检验答案可由支路电流用 KCL 进行。

【例3-4】 用结点电压法求解图 3-15 所示电路中各支路电流。

解： 取电路中的 B 点作为电路参考点，求出 A 点电位：

$$U_A = \dfrac{\dfrac{130}{1} + \dfrac{117}{0.6}}{\dfrac{1}{1} + \dfrac{1}{24} + \dfrac{1}{0.6}} = \dfrac{130 + 195}{\dfrac{65}{24}} = 120\text{V}$$

可得：

$$I_1 = \dfrac{130 - 120}{1} = 10\text{A}$$

$$I_2 = \dfrac{117 - 120}{0.6} = -5\text{A} \qquad I_3 = \dfrac{120}{24} = 5\text{A}$$

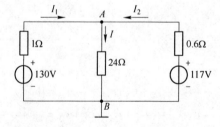

图 3-15　例 3-4 的电路

【例3-5】 用结点电压法求解图 3-16 所示电路，与用回路电流法求解此电路相比较，你能得出什么结论？

解： 用结点电压法求解此电路，由于此电路只有 3 个结点，因此独立结点数是 2，选用结点电压法求解此电路时，只需列出 2 个独立的结点电流方程。

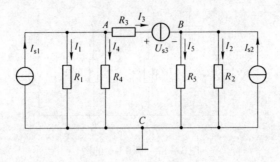

图 3－16　例 3－5 的电路

$$\left(\frac{1}{R_1}+\frac{1}{R_3}+\frac{1}{R_4}\right)U_A-\frac{1}{R_3}U_B=I_{s1}+\frac{U_{s3}}{R_3}$$

$$\left(\frac{1}{R_2}+\frac{1}{R_3}+\frac{1}{R_5}\right)U_B-\frac{1}{R_3}U_A=I_{s2}-\frac{U_{s3}}{R_3}$$

再根据 VAR 可求得：

$$I_1=\frac{U_A}{R_1},\qquad I_2=\frac{U_B}{R_2},\qquad I_3=\frac{U_A-U_B-U_{s3}}{R_3},\qquad I_4=\frac{U_A}{R_4},\qquad I_5=\frac{U_B}{R_5}$$

如果用回路电流法，由于此电路有 5 个网孔，所以需列 5 个方程式联立求解，显然解题过程繁于结点电压法。因此对此类型（支路数多、结点少、回路多）电路，应选择结点电压法解题。

结点电压法的步骤可以归纳如下：

（1）指定参考结点，其余结点对参考结点之间的电压就是结点电压。通常以参考结点为各结点电压的负极性；

（2）按公式（3－16）列出结点电压方程，注意自导总是正的，互导总是负的；并注意各结点注入电流前的正负号；

（3）当电路中有受控源或无伴电流源时要另行处理。

3.7　电阻电路的故障诊断与设计

电路的故障诊断是指识别或找出电路中的故障或问题的过程。通过进行电路故障诊断，可以培养综合运用电路知识的能力和逻辑思维能力。

开路和短路是电路中的典型故障。如电阻被烧坏，它通常会造成开路，虚焊、断线和接触不良也是造成开路的原因：焊锡珠等各种异物以及导线绝缘层老化脱落等往往会导致电路短路。开路会产生无穷大的电阻，而短路会产生零电阻。

除了完全开路或短路，电路中还可能出现部分开路或部分短路故障。部分开路时电路的电阻将比正常电阻高很多，但不是无穷大；而部分短路时电路的电阻将比正常电阻小很多，但不为零。

【例 3－6】　如图 3－17 所示电路，已知理想电压表的读数为 9.6V，试判断该电路有没有故障。如果有故障，请确定是短路故障还是开路故障。

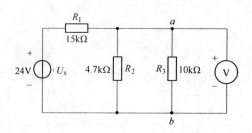

图 3 - 17　例 3 - 6 的图

解：（1）判断是否有故障。首先计算 a、b 两端电压的正常值。利用分压公式，有：

$$U_{ab} = \frac{R_2 /\!/ R_3}{R_1 + R_2 /\!/ R_3} U_s = \frac{3200}{15000 + 3200} \times 24 = 4.22\text{V}$$

计算表明电压表的正常读数应为 4.22V，而现在电压表的读数为 9.6V，所以电路有故障。

（2）原因分析。由于当前电压表的读数比正常值大，因而 R_2 或者 R_3 可能开路了。因为这两个电阻中的任一个开路，电压表两端所接的电阻 $R_2 /\!/ R_3$ 就会比正常值大，而电阻越大，电压也越大。

如果 R_2 开路，则 R_3 上的电压为：

$$U_{R_3} = \frac{R_2}{R_1 + R_2} U_s = \frac{10000}{15000 + 10000} \times 24 = 9.6\text{V}$$

而电压表的读数恰好是 9.6V，因而计算表明 R_2 开路。

电路设计是指根据电路特性的要求来选定电路的结构并确定元件参数。通常来说，电路分析的答案往往是唯一的，而电路设计则可能有多个解答。因此，电路设计的最后一步是对所设计的电路进行分析来确定其是否满足要求。电路设计有助于学生更好地掌握电路理论，提高学生解决电路问题的能力并可以培养其创新意识。

【例 3 - 7】　设计一个电路，该电路包含一个 5V 电源与 10Ω 电阻串联的支路，一个 2A 的电流源，3 个不同的电阻以及一个受 10Ω 电阻两端电压控制的压控电流源（控制系数 $g = 0.2$）。要求所设计电路中两个独立节点电压分别为 10V 和 5V。

解：满足要求的电路结构有很多。但要考虑是否合理。这里给出一种满足要求的电路结构，如图 3 - 18 所示。为了确定电路中的元件参数值，列节点电压方程，有：

$$\left(\frac{1}{10} + \frac{1}{R_1} + \frac{1}{R_2}\right) U_{n1} - \frac{1}{R_2} U_{n2} = \frac{5}{10} + 2$$

$$- \frac{1}{R_2} U_{n1} + \left(\frac{1}{R_2} + \frac{1}{R_3}\right) U_{n2} = 0.2 U_1$$

$$U_1 = U_{n1} - 5$$

将指标 $U_{n1} = 10\text{V}$、$U_{n2} = 5\text{V}$ 代入，整理得：

$$\left(\frac{1}{10} + \frac{1}{R_1} + \frac{1}{R_2}\right) \times 10 - \frac{1}{R_2} \times 5 = \frac{5}{10} + 2$$

$$- \frac{1}{R_2} \times 10 + \left(\frac{1}{R_2} + \frac{1}{R_3}\right) \times 5 = 0.2(10 - 5)$$

从上两式可见，先选定 R_2 的值，即可解出 R_1 和 R_3。

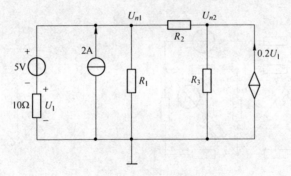

图 3 – 18 例 3 – 7 的图

【例 3 – 8】 已知某电路的节点电压方程为:

$$3u_{n1} - 2u_{n2} - u_{n3} = 2$$
$$-2u_{n1} + 6u_{n2} - 4u_{n3} = 8$$
$$-u_{n1} - 3u_{n2} + 5u_{n3} = 0$$

请设计该电路的结构并确定其中元件的参数值。

解: 根据节点电压方程的特点,由于方程左边所形成的矩阵 $\begin{bmatrix} 3 & -2 & -1 \\ -2 & 6 & -4 \\ -1 & -3 & 5 \end{bmatrix}$ 为非对

称矩阵,因而可判断电路包含受控源。将题中第 3 个方程改写为:

$$-u_{n1} - 4u_{n2} + 5u_{n3} = -u_{n2}$$

这样,左边所形成的矩阵变为对称矩阵,在节点 3 引入一个 VCCS。这样,就很容易由节点电压方程的特点设计出电路,如图 3 – 19 所示。

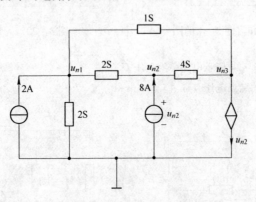

图 3 – 19 例 3 – 8 的图

注意:如果题中第 3 个方程不变,仅改写第二个方程,则可得到不同的电路。

习 题

3 – 1 指出图 3 – 20 中 KCL、KVL 独立方程数各为多少。

3 – 2 根据图 3 – 21 画出 4 个不同的树,树枝数各为多少?

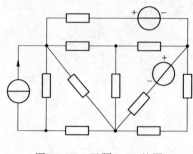

图 3-20　习题 3-1 的图

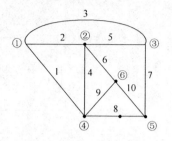

图 3-21　习题 3-2 的图

3-3　图 3-22 所示电路中 $R_1 = R_2 = 10\Omega$、$R_3 = 4\Omega$、$R_4 = R_5 = 8\Omega$、$R_6 = 2\Omega$、$u_{s3} = 20V$、$u_{s6} = 40V$，试用支路电流法求解电流 i_5。

3-4　用网孔电流法求解图 3-22 中电流 i_5。

3-5　用回路电流法求解图 3-23 中 5Ω 电阻中的电流 i。

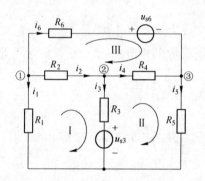

图 3-22　习题 3-3 和习题 3-4 的图

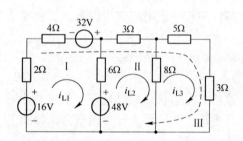

图 3-23　习题 3-5 的图

3-6　用回路电流法求解图 3-24 所示电路中的电压 U_0。

3-7　列出图 3-25 中电路的结点电压方程。

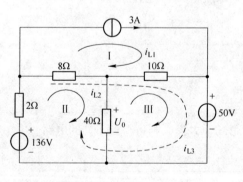

图 3-24　习题 3-6 的图

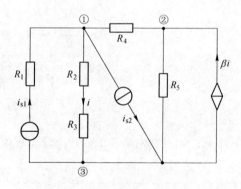

图 3-25　习题 3-7 的图

3-8　用结点电压法求解图 3-26 所示电路中的支路电流。

3-9　图 3-27 所示电路中电源为无伴电压源，用结点电压法求解电流 I_s 和 I_0。

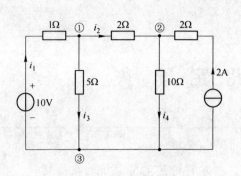

图 3 - 26 习题 3 - 8 的图

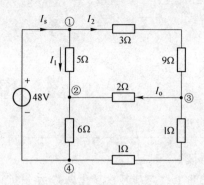

图 3 - 27 习题 3 - 9 的图

3 - 10 用结点电压法求解图 3 - 28 所示电路中的电压 U_0。

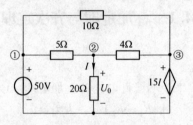

图 3 - 28 习题 3 - 10 的图

4 电 路 定 理

本章导读

　　使用电路定理可以简化电路的分析计算。本章将讲述电路分析的重要定理：叠加定理、齐次定理、替代定理、戴维南与诺顿定理以及如何用电路定理分析计算电路。

4.1 叠加定理与齐次定理

4.1.1 叠加定理

　　以图 4 - 1a 所示电路为例来说明线性电路的叠加定理。该电路的网孔 KVL 方程为：

$$\begin{cases} (R_1 + R_2)\ i_1 - R_2 i_2 = u_s \\ i_2 = i_s \end{cases}$$

联立求解得：

$$i_1 = \frac{1}{R_1 + R_2} u_s + \frac{R_2}{R_1 + R_2} i_s = Gu_s + \alpha i_s \qquad (4 - 1)$$

式中，$G = \dfrac{1}{R_1 + R_2}$、$\alpha = \dfrac{R_2}{R_1 + R_2}$ 分别为两个比例常数，其值完全由电路的结构与参数决定。

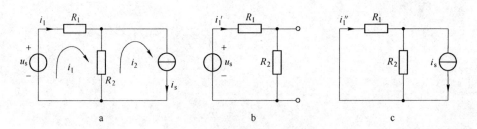

图 4 - 1　叠加定理说明图

　　由式（4 - 1）可见，响应电流 i_1 为激励 u_s 与 i_s 的线性组合函数，它由两个分量组成。一个分量 Gu_s 只与 u_s 有关，另一个分量 αi_s 只与 i_s 有关。当 $i_s = 0$（就是将电流源 i_s 开路）时，电路中只有 u_s 单独作用，如图 4 - 1b 所示。此时得：

$$i_1' = \frac{1}{R_1 + R_2} u_s = Gu_s \qquad (4 - 2)$$

　　当 $u_s = 0$（就是将电压源 u_s 短路）时，电路中只有 i_s 单独作用，如图 4 - 1c 所示。此时有：

$$i_1'' = \frac{R_2}{R_1 + R_2} i_s = \alpha i_s \qquad (4-3)$$

由以上两式得： $$i_1 = i_1' + i_1'' = G u_s + \alpha i_s \qquad (4-4)$$

此结果说明，两个独立电源 u_s 与 i_s 同时作用时在电路中产生的响应 i_1 等于每个独立电源单独作用时在电路中所产生响应 i_1' 与 i_1'' 的代数和。将此结论推广即得叠加定理：线性电路中所有独立电源同时作用时在每一个支路中所产生的响应电流或电压，等于各个独立电源单独作用时在该支路中所产生响应电流或电压的代数和。叠加定理也称叠加性。它说明了线性电路中独立电源作用的独立性。

应用叠加定理时应注意以下几点：

（1）当一个独立电源单独作用时，其他的独立电源应为零，即独立电压源短路，独立电流源开路。

（2）叠加定理只能用来求解电路中的电压和电流，不能用于计算电路的功率，因为功率是电流或电压的二次函数。

（3）叠加时必须注意各个响应分量是代数和，因此要考虑总响应与各分响应的参考方向或参考极性。当分响应的参考方向或参考极性与总响应的参考方向或参考极性一致时，叠加时取"＋"号，反之取"－"号。

（4）对于含受控源的电路，当独立源单独作用时，所有的受控源均应保留，因为受控源不是激励源，且具有电阻性。

【例 4－1】　如图 4－2a 所示电路，试用叠加定理求电压源中的电流 i 和电流源两端的电压 u。

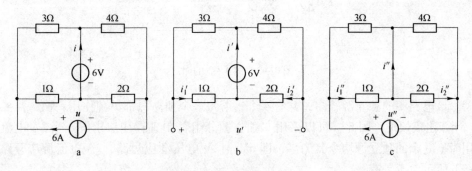

图 4－2　例 4－1 的图

解： 求解此类电路，应用叠加定理可使计算简便。

当 6V 电压源单独作用时，6A 电流源应开路，如图 4－2b 所示，于是有：

$$i_1' = \frac{6}{3+1} = 1.5 \text{A}$$

$$i_2' = \frac{6}{4+2} = 1 \text{A}$$

故：
$$i' = i_1' + i_2' = 2.5 \text{A}$$

$$u' = 1 i_1' - 2 i_2' = -0.5 \text{V}$$

当 6A 电流源单独作用时，6V 电压源应短路，如图 4－2c 所示，于是有：

$$i_1'' = \frac{3}{3+1} \times 6 = 4.5A$$

$$i_2'' = \frac{4}{4+2} \times 6 = 4A$$

故：
$$i'' = i_1'' - i_2'' = 0.5A$$
$$u'' = 1i_1'' + 2i_2'' = 12.5V$$

根据叠加定理得：
$$i = i' + i'' = 3A$$
$$u = u' + u'' = 12V$$

【例4-2】　电路如图4-3a所示，试用叠加定理求3A电流源两端的电压 u 和电流 i。

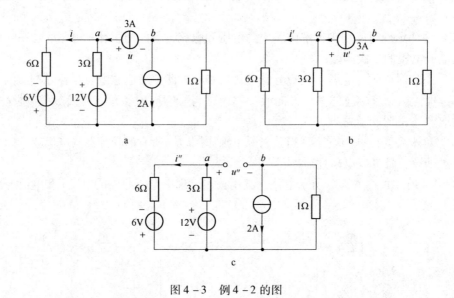

图4-3　例4-2的图

解： 该电路中的独立源较多，共有4个，若每一个独立源都单独作用一次，需要叠加4次，计算比较烦琐。因此，可以采用"独立源分组"单独作用法求解。当3A电流源单独作用时，其余的独立源均令其为零，即6V、12V电压源应短路，2A电流源应开路，如图4-3b所示，于是有：

$$i' = \frac{3}{6+3} \times 3 = 1A$$

$$u' = \left(\frac{6 \times 3}{6+3} + 1\right) \times 3 = 9V$$

当6V、12V、2A三个独立源分为一组"单独"作用时，3A电流源应开路，如图4-3c所示，于是有：

$$i'' = \frac{6+12}{6+3} = 2A$$

$$u'' = 6i'' - 6 + 2 \times 1 = 8V$$

故根据叠加定理得：
$$i = i' + i'' = 3A$$
$$u = u' + u'' = 17V$$

【例4-3】 电路如图4-4a所示，试用叠加定理求电压 u 和电流 i。

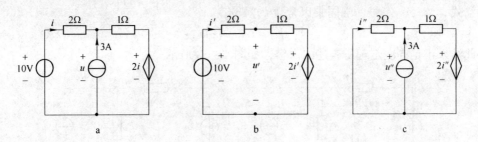

图4-4 例4-3的图

解： 该电路中含有受控源。用叠加定理求解含受控源的电路，当某一独立源单独作用时，其余的独立源均应为零，即独立电压源应短路，独立电流源应开路，但所有的受控源均应保留，因为受控源不是激励，且具有电阻性。

10V 电压源单独作用时的电路如图4-4b所示，于是有：

$$10 = (2+1)i' + 2i' = 5i'$$

故：

$$i' = 2A$$

$$u' = 1 \times i' + 2i' = 6V$$

3A 电流源单独作用时的电路如图4-4c所示，于是有：

$$-2i'' = 1 \times (i'' + 3) + 2i''$$

故：

$$i'' = -0.6A$$

$$u'' = -2i'' = 1.2V$$

根据叠加定理可得：

$$i = i' + i'' = 1.4A$$

$$u = u' + u'' = 7.2V$$

【例4-4】 电路如图4-5所示。已知 $u_s = 1V$、$i_s = 1A$ 时，$u_2 = 0V$；$u_s = 10V$、$i_s = 0A$ 时，$u_2 = 1V$。求 $u_s = 0V$、$i_s = 10A$ 时的电压 u_2。

解： 根据叠加定理，u_2 应是 u_s 和 i_s 的线性组合函数，即：

$$u_2 = k_1 u_s + k_2 i_s$$

式中，k_1，k_2 为比例常数。将已知数据带入上式有：

$$\begin{cases} 0 = k_1 \times 1 + k_2 \times 1 \\ 1 = k_1 \times 10 + k_2 \times 0 \end{cases}$$

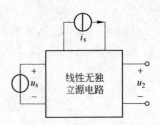

图4-5 例4-4的图

联立求解得 $k_1 = 0.1$、$k_2 = -0.1$，故得：$u_2 = 0.1u_s - 0.1i_s$。将第3组已知数据代入上式即得：$u_2 = 0.1 \times 0 - 0.1 \times 10 = -1V$。

4.1.2 齐次定理

线性电路中，若所有的独立源都同时扩大 k 倍时，则每个支路电流和支路电压也都随之相应扩大 k 倍，此结论称为齐次定理，也称线性电路的齐次性。证明如下：

电路如图4-6a所示，该电路就是图4-1a所示电路。由式（4-1）知：

$$i_1 = Gu_s + \alpha i_s \tag{4-5}$$

给式（4-5）等号两端同乘以常数 k，即有：

$$ki_1 = Gku_s + \alpha ki_s \tag{4-6}$$

此结果正是齐次定理所表述的内容，如图4-6b所示。

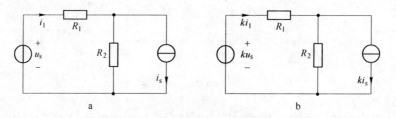

图4-6 齐次定理说明图

【例4-5】 电路如图4-7a所示，试用叠加定理求电流 i；再用齐次定理求图4-7b所示电路中的电流 i'。

解：用叠加定理可求得图4-7a电路中的电流 $i = 2A$。又因图4-7b电路中的两个独立源都扩大了（-1）倍，即 $k = -2$，故 $i' = ki = -2i = -2 \times 2 = -4A$

推论：若线性电阻电路中只有一个独立源作用，则根据齐次定理，电路中的每一个响应都与产生该响应的激励成正比。

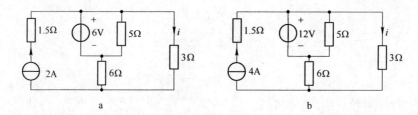

图4-7 例4-5的图

【例4-6】 电路如图4-8所示，求电流 i_1、u_1 和 i_2、u_2。

解：在图4-8a中，有：

$$i_1 = \frac{6}{\dfrac{6 \times 3}{6 + 3} + 1} = \frac{6}{3} = 2A$$

$$u_1 = -\frac{3}{3+6} \times 2 \times 6 = -4V$$

在图4-8b中，由于电压源电压为图4-8a中电压源电压的（-2）倍，即 $k = -12/6 = -2$，故：

$$i_2 = ki_1 = -2 \times 2 = -4A$$

$$u_2 = ku_1 = -2 \times (-4) = 8V$$

需要指出的是，叠加定理与齐次定理是线性电路两个互相独立的定理，不能用叠加定理代替齐次定理，也不能片面认为齐次定理是叠加定理的特例。同时满足叠加定理与齐次定理的电路，称为线性电路。

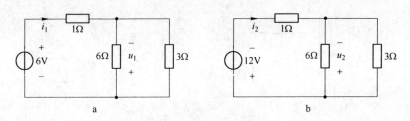

图 4 – 8　例 4 – 6 的图

4.2　替 代 定 理

如图 4 – 9a 所示电路，设已知任意第 k 条支路的电压为 u_k，电流为 i_k。现对第 k 条支路作如下两种替代：

（1）用一个电压等于 u_k 的理想电压源替代，如图 4 – 9b 所示。由于这种替代并未改变该支路的电压数值和正负极性，而且已知流过理想电压源中的电流只与外电路有关（因 u_k 未变），因为 a、b 两点以左的电路没有改变，故必有 $i_k' = i_k$。故第 k 条支路可用一个电压为 u_k 的理想电压源替代。

（2）用一个电流等于 i_k 的理想电流源替代，如图 4 – 9c 所示。由于这种替代并没有改变该支路电流的数值和方向，而且已知理想电流源的端电压只与外电路有关（因 i_k 未变），因为 a、b 两点以左的电路没有改变，故必有 $u_k' = u_k$。故第 k 条支路可用一个电流为 i_k 的理想电流源替代。

以上两种替代统称为替代定理或置换定理。

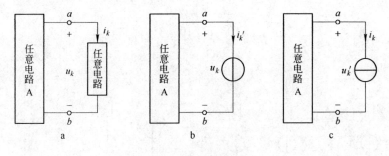

图 4 – 9　替代定理

应用替代定理时必须注意：

（1）替代电压源 u_k 的正负极性必须和原支路电压 u_k 的正负极性一致，替代电流源 i_k 的方向必须和原支路电流 i_k 的方向一致；

（2）替代前的电路和替代后的电路的解答均必须是唯一的，否则替代将导致错误；

（3）替代与等效是两个不同的概念，不能混淆。

如图 4 – 10 中的两个电路 N_1 与 N_2 可以互相替代，但 N_1 与 N_2 这两个电路对外电路来说，却不等效，因为理想电压源与理想电流源的外特性（即 u 与 i 的关系曲线）是根本不相同的。

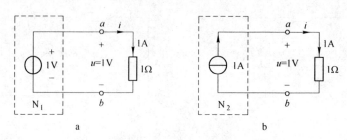

图 4 – 10 N_1 和 N_2 可互相替代但不等效

替代定理的实用和理论价值在于：

（1）在有些情况下可以使电路的求解简便；

（2）可以用来推导和证明一些其他的电路定理。

【例 4 – 7】   如图 4 – 11a 所示电路，已知 $u = 8V$、$i = 2A$，求 R_0 的值。

解： 用两种方法求解。

（1）一般的方法。根据图 4 – 11a 所示电路，则有：

$$R_0 i + u = 10$$

代入数值解得：

$$R_0 = \frac{10 - u}{i} = \frac{10 - 8}{2} = 1\Omega$$

（2）用替代定理求。若用电压源替代，则如图 4 – 11b 所示，故有：

$$R_0 i + u = 10$$

解得：

$$R_0 = \frac{10 - u}{i} = \frac{10 - 8}{2} = 1\Omega$$

若用电流源替代，则如图 4 – 11c 所示，故有：

$$R_0 i + u = 10$$

解得：

$$R_0 = \frac{10 - u}{i} = \frac{10 - 8}{2} = 1\Omega$$

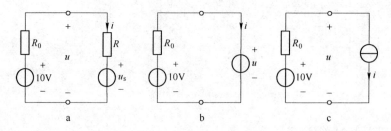

图 4 – 11   例 4 – 7 的图

【例 4 – 8】   图 4 – 12a 所示电路中，已知 $u_{ab} = 4V$。试用替代定理求电流 i_1、i_2。

解： 将图 4 – 12a 所示电路中的 ab 支路用一个 $u_{ab} = 4V$ 的理想电压源替代，如图 4 – 12b 所示。故得：

$$i_2 = \frac{4}{1} = 4A$$

$$i_1 = 8 - i_2 = 8 - 4 = 4A$$

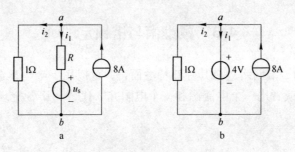

图 4 - 12 例 4 - 8 的图

【例 4 - 9】 电路如图 4 - 13a 所示，已知 $u_{ab} = 0$，求电阻 R 的值。

解：此题用替代定理求解简便。设 ab 支路中的电流为 i，如图 4 - 13a 所示，于是有：

$$u_{ab} = -3i + 3 = 0$$

得：

$$i = 1\text{A}$$

可用 1A 理想电流源替代图 4 - 13a 中的支路 ab，如图 4 - 13b 所示。然后再用节点电位法对图 4 - 13b 所示的电路求解。选 d 点为参考节点，设各独立节点的电位为 φ_a、φ_b、φ_c，于是有：

$$\varphi_c = 20\text{V}$$

对节点 a 列节点电位方程为：

$$\left(\frac{1}{2} + \frac{1}{4}\right)\varphi_a - \frac{1}{4}\varphi_c - 0\varphi_b = 1$$

联立求解得：

$$\varphi_a = 8\text{V}$$

又有：

$$u_{ab} = \varphi_a - \varphi_b = 0$$

得：

$$\varphi_a = \varphi_b = 8\text{V}$$

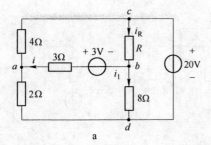
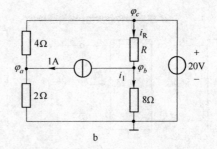

图 4 - 13 例 4 - 9 的图

设定图 4 - 13a 中各支路电流的大小和参考方向如图中所示，于是有：

$$i_1 = \frac{\varphi_b - \varphi_d}{8} = 1\text{A}$$

$$i_R = i + i_1 = 1 + 1 = 2\text{A}$$

最后得：

$$R = \frac{u_{cb}}{i_R} = \frac{\varphi_c - \varphi_b}{2} = \frac{20 - 8}{2} = 6\Omega$$

4.3　戴维南与诺顿定理

任何线性有源的二端网络，对其外部特性而言，可以用一个电压源和一个电阻串联代替（戴维南定理），或者用一个电流源和一个电阻并联代替（诺顿定理）。

4.3.1　戴维南定理

如图4-14a所示为一个线性含独立源的单口网络A。根据替代定理，可用一个电流等于i的理想电流源来等效替代图4-14a电路中的任意电路B，如图4-14b所示。由于替代后的电路是线性的，根据叠加原理，端口电压u等于网络A中所有独立源同时作用时所产生的电压分量u'与电流源i单独作用时所产生的电压分量u''之和，如图4-14c所示。其中$u' = u_{oc}$，u_{oc}即为网络A的端口开路电压；$u'' = -R_0 i$，R_0即为网络A的无源网络的端口输入电阻。于是有：$u = u' + u'' = u_{oc} - R_0 i$，如图4-14d所示。最后再把图4-14d中的理想电流源i变回到原来的任意电路B，如图4-14e所示。这样，在保持端口电压u与端口电流i的关系（即外特性）不变的条件下，该线性有源单口网络A可用一个电压源和内电阻R_0等效代替，此电压等于网络A的端口开路电压u_{oc}，内电阻R_0等于网络A内部所有独立源为零时所得无独立源单口网络的端口输入电阻。此结论称为戴维南定理，也称为等效电压源定理。

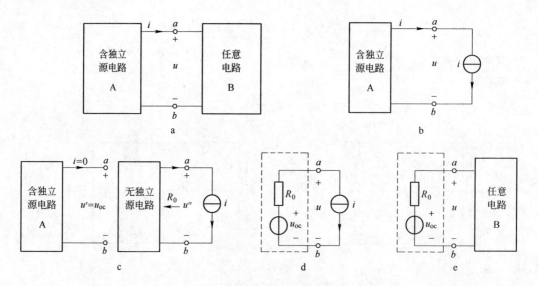

图4-14　戴维南定理说明图

【例4-10】　如图4-15a所示电路，用戴维南定理求i、u、P_R。

解：根据图4-15b求得端口开路电压$u_{oc} = 1V$，根据图4-15c求得网络的端口输入电阻$R_0 = 0.75\Omega$，作出等效电压源电路如图4-15d所示。于是得：

$$i = \frac{u_{oc}}{R_0 + R} = 0.5A$$

$$u = Ri = 0.625V$$

$$P_{R} = Ri^2 = ui \approx 0.31\,\text{W}$$

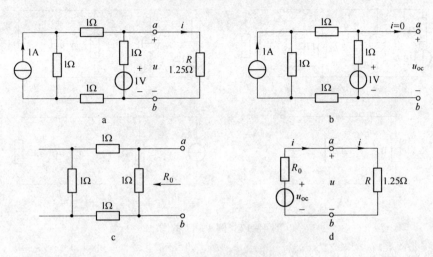

图 4－15　例 4－10 的图

4.3.2　诺顿定理

一个线性含独立源的单口网络 A 在保持端口电压 u 与端口电流 i 的关系曲线不变的条件下，也可用一个电流源等效替代，如图 4－16a 和图 4－16b 所示：该电流源的电流等于该线性有源单口网络 A 的端口短路电流 i_{sc}，如图 4－16c 所示；其内电阻 R_0 等于该线性有源单口网络 A 内部所有独立源为零时所得无源单口网络的端口输入电阻，如图 4－16d 所示。此结论称为诺顿定理，也称为等效电流源定理。

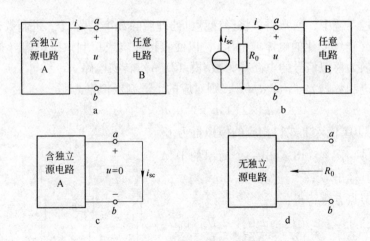

图 4－16　诺顿定理的描述

【**例 4－11**】　电路如图 4－17a 所示，试求 ab 端口的等效电流源，并求出电压 u 和电流 i。

解：（1）根据图 4－17b 所示电路求 ab 端口的短路电流 i_{sc}，即：

$$i_{\text{sc}} = \frac{12}{4} - 1 = 2\,\text{A}$$

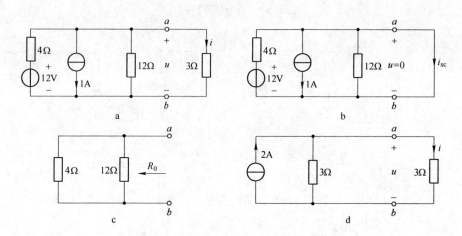

图 4-17   例 4-11 的图

（2）根据图 4-17c 所示电路求 ab 端口的输入电阻 R_0，即：

$$R_0 = \frac{4 \times 12}{4 + 12} = 3\Omega$$

（3）画出等效电流源电路如图 4-17d 所示。求出：

$$i = \frac{1}{2} \times 2 = 1A$$

$$u = 3i = 3V$$

4.4 应 用 实 例

在现代测控系统中，通常需要将经计算机处理后的数字信号（二进制数码 0 和 1）转换成模拟信号（连续变化的电流或电压），以便直接输出或控制执行机构（如电动机等）。将数字信号转换为模拟信号的电路称为数/模（D/A）转换电路。

设 4 位二进制数码为"$d_3 d_2 d_1 d_0$"，则对应的十进制模拟量为：

$$A = d_3 \times 2^3 + d_2 \times 2^2 + d_1 \times 2^1 + d_0 \times 2^0$$

如二进制数码 1101 代入上式得相应的模拟量为 13。

【例 4-12】 图 4-18 给出一个简单的 D/A 转换电路，求其输出 U_o。

解：列出节点方程，得：

$$\left(\frac{1}{R} + \frac{1}{2R} + \frac{1}{4R} + \frac{1}{8R} \right) U_o = \frac{d_3 U_s}{R} + \frac{d_2 U_s}{2R} + \frac{d_1 U_s}{4R} + \frac{d_0 U_s}{8R}$$

解得：

$$U_o = \frac{U_s}{15}(d_3 \times 2^3 + d_2 \times 2^2 + d_1 \times 2^1 + d_0 \times 2^0)$$

取 $U_s = 15V$，与上面相比较，可见两者相同。该电路使用支路少，但各电路大小不一，且电阻

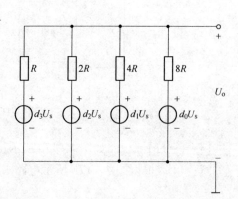

图 4-18   例 4-12 的图

之间差值较大，因此转换精度差。

【例 4 - 13】 图 4 - 19 给出一个实用的 T 形权电阻网路 D/A 转换电路，求其输出 U_o。

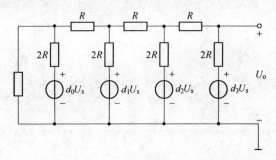

图 4 - 19 例 4 - 13 的图

解：利用叠加定理进行分析。

当电压源 $d_3 U_s$ 单独作用时，除电压源 $d_3 U_s$ 支路外，其他部分根据电阻串并联关系等效为一个电阻 $2R$，如图 4 - 20 所示。

利用分压公式解得：

$$U_{o3} = \frac{2R}{2R + 2R} d_3 U_s = \frac{1}{2} d_3 U_s$$

当电压源 $d_2 U_s$ 单独作用时，将电阻进行串并联等效，得其等效电路，如图 4 - 21 所示。

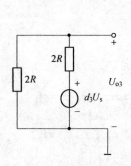

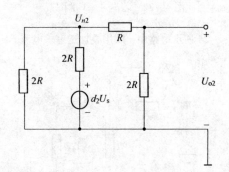

图 4 - 20 $d_3 U_s$ 单独作用时   图 4 - 21 $d_2 U_s$ 单独作用时

列节点方程，有：

$$\left(\frac{1}{2R} + \frac{1}{2R} + \frac{1}{3R} \right) U_{n2} = \frac{d_2 U_s}{2R}$$

解得：

$$U_{n2} = \frac{3}{8} d_2 U_s$$

再用分压公式，解得：

$$U_{o2} = \frac{2R}{R + 2R} U_{n2} = \frac{1}{4} d_2 U_s$$

同样，可以求出电压源 $d_1 U_s$ 和 $d_0 U_s$ 分别单独作用时产生的输出电压：

$$U_{o1} = \frac{1}{8}d_1 U_s$$

$$U_{o0} = \frac{1}{16}d_0 U_s$$

将上两式进行叠加,得输出:

$$U_o = U_{o3} + U_{o2} + U_{o1} + U_{o0} = \frac{U_s}{16}(d_3 \times 2^3 + d_2 \times 2^2 + d_1 \times 2^1 + d_0 \times 2^0)$$

习　题

4-1 如图4-22所示电路中,试用叠加定理求电流 i_o

4-2 如图4-23所示电路中,试用叠加定理求电压 u_o

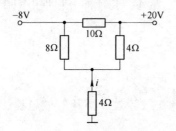
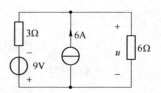

图 4-22 习题 4-1 的图　　　　　图 4-23 习题 4-2 的图

4-3 如图4-24所示电路中,试用叠加定理求电流 i_o

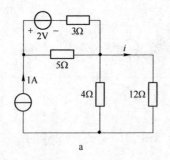
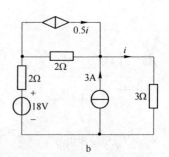

a　　　　　　　　　　　　　　　b

图 4-24 习题 4-3 的图

4-4 电路如图4-25所示,试用叠加定理与齐次定理求电流 i_o

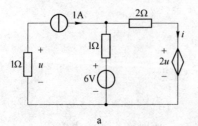
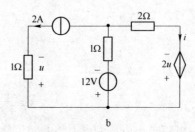

a　　　　　　　　　　　　　　　b

图 4-25 习题 4-4 的图

4-5 电路如图4-26所示，（1）试用一个电压源替代4A电流源，而不影响电路中的电压和电流；（2）试用一个电流源替代18Ω电阻，而不影响电路中的电压和电流。

4-6 如图4-27所示电路中，试用替代定理求电流i。

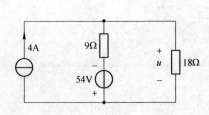

图4-26　习题4-5的图

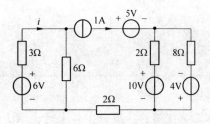

图4-27　习题4-6的图

4-7 如图4-28所示电路中，（1）求端口ab的等效电压源电路与等效电流源电路；（2）求$R=2\Omega$时的电压u和电流i。

4-8 电路如图4-29所示，已知端口伏安关系为：$u=2\times10^3 i+10$（V），求电路N的等效电压源电路与等效电流源电路。

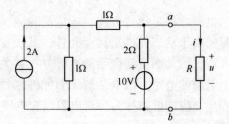

图4-28　习题4-7的图

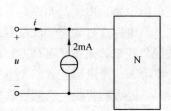

图4-29　习题4-8的图

5　一阶电路

本章导读

　　本章将使用一阶微分方程来讨论 RC 电路和 RL 电路，同时介绍换路定律，引进初始值的确定方法以及一阶电路时间常数的概念。还将介绍零输入响应、零状态响应、全响应、瞬态分量、稳态分量等重要概念。最后介绍一阶电路的阶跃响应和冲激响应。

5.1　动态电路的方程及其初始条件

　　前述电阻电路，由于其元件具有即时性，电路方程是代数方程，响应只与同一时刻的激励有关。当电路含有动态元件电容或电感时，由于动态元件是储能元件，其伏安关系是对时间的导数或积分关系，电路方程是微分方程，因此响应与激励的"历史"有关。对于含有一个电容和一个电阻或者一个电感和一个电阻的电路，当电路的无源元件都是线性和时不变时，电路方程将是一阶线性常微分方程，相应的电路称为一阶电阻电容电路（简称 RC 电路）或一阶电阻电感电路（简称 RL 电路）。

5.1.1　过渡过程

　　如图 5-1 所示电路，当开关 K 闭合时，电阻支路的灯泡立即发亮，而且亮度始终不变，说明电阻支路在开关闭合后没有过渡过程，立即进入稳定状态。电感支路的灯泡在开关闭合瞬间不亮，然后逐渐变亮，最后亮度稳定不再变化。电容支路的灯泡在开关闭合瞬间很亮，然后逐渐变暗直至熄灭。这两个支路的现象说明电感支路的灯泡和电容支路的灯泡都要经历一段过渡过程，最后才达到稳定。一般说来，电路从一种稳定状态变化到另一种稳定状态的中间过程叫做电路的过渡过程。实际电路中的过渡过程是从暂时存在到最后消失，称为暂态过程，简称暂态。

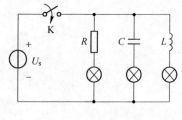

图 5-1　实验电路

　　对过渡过程的研究有重要意义。在电子技术中，利用过渡过程可以产生各种脉冲波形，微分电路、积分电路、加速电路等都使用了过渡过程；对电气设备，需防止过渡过程中出现的过电压或过电流现象。

5.1.2　换路定律

　　所谓换路，就是电路工作状况的改变，例如突然接入或切断电源、改变电路的结构和电路中元件的参数等。含有储能元件 L、C 的电路在换路的时候都要产生过渡过程。若令 $t=0$ 为换路时刻，则用 $t=0_-$ 表示换路前一瞬间，用 $t=0_+$ 表示换路后一瞬间。

换路定律可根据动态元件的伏安关系推导出。根据动态元件的伏安关系：

电容：
$$i_C = C \frac{du_C}{dt}$$

电感：
$$u_L = L \frac{di}{dt}$$

当电容电流 i_C 和电感电压 u_L 为有限值，电容电压 u_C 和电感电流 i_L 不能跃变时，有：

$$u_C(0_+) = u_C(0_-) \tag{5-1}$$
$$i_L(0_+) = i_L(0_-) \tag{5-2}$$

式（5-1）和式（5-2）称为换路定律，它是电容电压和电感电流连续性的体现。

考虑到电容 C 与其上电荷 q、电压 u_C 的关系为：

$$q = Cu_C$$

电感与其中的磁通链 Ψ、电流 i_L 的关系是：

$$\Psi = Li_L$$

可以将上述换路定律写成如下形式：

$$q(0_+) = q(0_-) \tag{5-3}$$
$$\Psi(0_+) = \Psi(0_-) \tag{5-4}$$

式（5-3）和式（5-4）表明，换路前后电容上的电荷不能发生突变，电感中的磁通链不能发生突变。

应用换路定律应注意：

（1）换路定律成立的条件是电容电流 i_C 和电感电压 u_L 为有限值，应用前应检查是否满足该条件；

（2）除了电容电压和电感电流外，其他元件上的电流和电压，包括电容电流和电感电压并没有连续性。

5.1.3 初始值的确定

$t=0_+$ 时刻电路中电流与电压的值称为初始值。根据换路定律，只有电容电压和电感电流在换路瞬间不能突变，一般称 $u_C(0_+)$ 和 $i_L(0_+)$ 为独立初始值；而称其他的初始值 $i_C(0_+)$、$u_L(0_+)$、$u_R(0_+)$、$i_R(0_+)$ 为非独立的初始值。

求初始值的方法和具体步骤如下：

（1）作 $t=0_-$ 时刻的等效电路，求出 $u_C(0_-)$ 和 $i_L(0_-)$，此时是换路前稳定状态的最后一个时刻，应将电容看做开路、电感看做短路。

（2）求 $u_C(0_+)$ 和 $i_L(0_+)$，由换路定律，求出换路后瞬间的电容电压和电感电流。

（3）求 $i_C(0_+)$、$u_L(0_+)$ 和电路其他元件上的电压和电流；非独立初始值并没有连续性且换路后的响应与换路前的值无关，但此时电容电压 u_C 和电感电流 i_L 已经确定。

作出 $t=0_+$ 时的等效电路时，对电容和电流做如下处理：

（1）若 $u_C(0_+)=0$，可以将电容"视为"短路（即可用导线将电容置换掉）；若 $u_C(0_+)=U_0 \neq 0$ 时，则可以将电容"视为"电压为 U_0 的电压源（即可以用电压为 U_0 的电压源置换电容）。

（2）若 $i_L(0_+) = 0$，可以将电感"视为"开路（即可将电感两端断开处理）；若 $i_L(0_+) = I_0 \neq 0$ 时，则可以将电感"视为"电流为 I_0 的电流源（即可以用电流为 I_0 的电流源置换电感）。

【例 5 - 1】 设图 5 - 2 所示电路在 $t = 0$ 时换路，即开关 K 由位置 1 合到位置 2。若换路前电路已经稳定，求换路后的初始值 $i_1(0_+)$、$i_2(0_+)$ 和 $u_L(0_+)$。

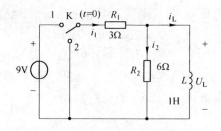

图 5 - 2　例 5 - 1 的图

解：（1）作 $t = 0_-$ 时刻的等效图如图 5 - 3 所示，此时电感可看做短路，有：

$$i_L(0_+) = i_L(0_-) = \frac{U_s}{R_1} = \frac{9}{3} = 3\text{A}$$

（2）作 $t = 0_+$ 时刻的等效图如图 5 - 4 所示，此时电感相当于一个电流为 3A 的电流源。最后得到：

$$i_1(0_+) = \frac{R_2}{R_1 + R_2} i_L(0_+) = \frac{6}{3 + 6} \times 3 = 2\text{A}$$

$$i_L(0_+) = i_1(0_+) - i_L(0_+) = 2 - 3 = -1\text{A}$$

$$u_L(0_+) = R_2 i_2(0_+) = 6 \times (-1) = -6\text{V}$$

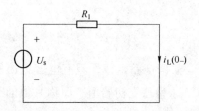 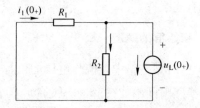

图 5 - 3　$t = 0_-$ 时刻的等效图　　　　　　　图 5 - 4　$t = 0_+$ 时刻的等效图

【例 5 - 2】 如图 5 - 5 所示电路中，已知开关 K 闭合前电路已处于稳态，$U_s = 10\text{V}$，$R_1 = 30\text{k}\Omega$、$R_2 = 20\text{k}\Omega$、$R_3 = 40\text{k}\Omega$。求开关 K 闭合后各电压、电流的初始值。

解：（1）求 $i_L(0_-)$ 和 $u_C(0_-)$。根据已知条件，开关 K 闭合前电路已经处于稳态，电感可看做短路，电容可看做开路，则 $t = 0_-$ 时的等效电路如图 5 - 6a 所示。得：

$$i_L(0_-) = \frac{U_s}{R_1 + R_2} = \frac{10}{(30 + 20) \times 10^3} = 0.2\text{mA}$$

$$u_C(0_-) = i_L(0_-) \cdot R_2 = 4\text{V}$$

（2）求 $i_L(0_+)$ 和 $u_C(0_+)$。根据换路定律有：

$$i_L(0_+) = i_L(0_-) = 0.2\text{mA}$$
$$u_C(0_+) = u_C(0_-) = 4\text{V}$$

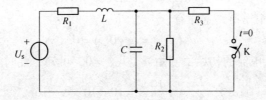

图 5-5 例 5-2 的图

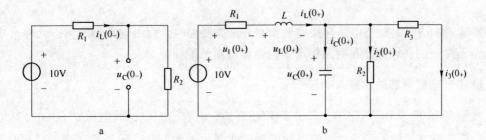

图 5-6 $t = 0_-$、$t = 0_+$ 时的等效电路
a—$t = 0_-$; b—$t = 0_+$

（3）求其他电压、电流的初始值。作 $t = 0_+$ 时刻的等效图如图 5-6b 所示，得：

$$i_1(0_+) = i_L(0_+) = 0.2\text{mA}$$
$$u_1(0_+) = i_1(0_+) \cdot R_1 = 6\text{V}$$
$$u_2(0_+) = u_3(0_+) = u_C(0_+) = 4\text{V}$$
$$i_2(0_+) = \frac{u_2(0_+)}{R_2} = 0.2\text{mA}, \quad i_3(0_+) = \frac{u_3(0_+)}{R_3} = 0.1\text{mA}$$
$$i_C(0_+) = i_L(0_+) - i_2(0_+) - i_3(0_+) = -0.1\text{mA}$$
$$u_L(0_+) = -u_1(0_+) + U_s - u_C(0_+) = 0\text{V}$$

【例 5-3】 已知图 5-7 电路中 $U_s = 10\text{V}$、$R_1 = R_2 = 1\text{k}\Omega$、$C = 1\mu\text{F}$，且开关闭合前电路已处于稳态，开关 K 在 $t = 0$ 时刻闭合，求开关闭合后各电压、电流的初始值。

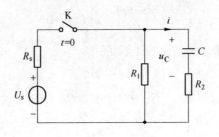

图 5-7 例 5-3 的图

解：（1）求 $u_C(0_-)$。根据已知条件，开关闭合前电路已处于稳态，电容可看做开路，得：

$$i_L(0_-)=0,\quad u_C(0_-)=0$$

（2）求 $u_C(0_+)$。根据换路定律有：

$$u_C(0_+)=u_C(0_-)=0$$

（3）求其他电压、电流的初始值。由 $u_C(0_+)=0$，可知，此时电容相当于短路，有：

$$i(0_+)=\frac{U_s}{R_2}=\frac{10}{1\times10^3}=10\times10^{-3}\text{A}=10\text{mA}$$

5.2　一阶电路的零输入响应

零输入响应就是动态电路在换路后没有外施激励源时，仅由电路中的动态元件（电容或电感元件）的初始储能在电路中产生的电压或电流响应。

5.2.1　RC 串联电路的零输入响应

在图 5-8 所示 RC 电路中，设开关 K 闭合前，电容已充电，其电压 $u_C(0_-)=U_0$。开关闭合后，电容的储能将通过电阻以热能的形式释放出来。若将开关 K 动作的时刻取为计时起点（ $t=0$ ）。求开关合上后在外施电源为零时，电路的零输入响应。

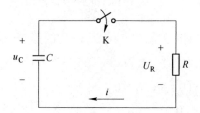

图 5-8　RC 串联电路的零输入响应图

（1） $t>0$ 时，根据 KVL 可得：

$$u_C(t)=u_R(t)=Ri(t)$$

（2）代入微分关系：　　　$$i(t)=i_C(t)=-C\frac{\mathrm{d}u_C(t)}{\mathrm{d}t}$$

式中负号是由于电容两端电压与电流参考方向相反，可得：

$$RC\frac{\mathrm{d}u_C(t)}{\mathrm{d}t}+u_C(t)=0$$

这是一阶齐次微分方程，令方程的通解是：

$$u_C(t)=Ae^{pt}$$

可得：　　　　　　　　　　$$RCpAe^{pt}+Ae^{pt}=0$$

特征方程为：　　　　　　　$$RCp+1=0$$

特征根为：　　　　　　　　$$p=-\frac{1}{RC}$$

（3）由换路定律知：$\qquad u_C(0_+) = u_C(0_-) = Ae^0 = U_0$

代入通解：$\qquad\qquad\qquad u_C(t) = Ae^{pt}$

可得常数：$\qquad\qquad\qquad A = U_0$

这样，求得满足初始值的微分方程的解为：

$$u_C(t) = u_C(0_+)e^{-\frac{t}{RC}} = U_0 e^{-\frac{t}{RC}} \qquad\qquad (5-5)$$

电路中的电流和电阻上的电压分别为：

$$i(t) = -C\frac{du_C(t)}{dt} = \frac{U_0}{R}e^{-\frac{t}{RC}}$$

$$u_R(t) = u_C(t) = U_0 e^{-\frac{t}{RC}}$$

式中，常取 $\tau = RC$，称为时间常数。从以上表达式可以看出，电压 $u_C(t)$、$u_R(t)$ 及电流 i 都是按同样的指数规律衰减的，它们衰减的快慢取决于指数中时间常数 RC 的大小。

5.2.2　RL 串联电路的零输入响应

RL 电路的零输入响应的分析方法与 RC 电路类似。电路如图 5-9 所示，设在开关 K 动作前已处于稳态，电感中的电流 $i_L(0_-) = \dfrac{U_0}{R_0} = I_0$。$t = 0$ 时，开关由 1 合到 2，求开关合向 2 后 RL 电路的零输入响应。

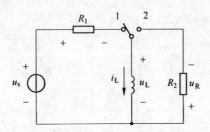

图 5-9　RL 串联电路的零输入响应图

（1）$t > 0$ 时，根据 KVL 可得：

$$u_L(t) + u_R(t) = 0$$

（2）以 $i_L(t)$ 为未知量，建立微分方程。电感两端电压与电流为关联参考方向，代以：

$$u_L(t) = L\frac{di_L(t)}{dt}$$

$$u_R(t) = Ri_L(t)$$

得：$\qquad\qquad\qquad L\frac{di_L(t)}{dt} + Ri_L(t) = 0$

这也是一个一阶齐次微分方程，令：

$$i_L(t) = Ae^{pt}$$

有：$\qquad\qquad\qquad LpAe^{pt} + RAe^{pt} = 0$

特征方程为：$\qquad\qquad\qquad Lp + R = 0$

特征根为：
$$p = -\frac{R}{L}$$

（3）由换路定律知：
$$i_L(0_+) = i_L(0_-) = I_0$$

得常数：
$$A = I_0$$

这样求得满足初始值的微分方程解为：

$$i_L(t) = i_L(0_+)e^{-\frac{R}{L}t} = I_0 e^{-\frac{R}{L}t} \tag{5-6}$$

电感和电阻上的电压分别为：

$$u_L(t) = L\frac{di_L(t)}{dt} = -RI_0 e^{-\frac{R}{L}t}$$

$$u_R(t) = -u_L(t) = RI_0 e^{-\frac{R}{L}t}$$

与 RC 电路类似，取 $\tau = \dfrac{L}{R}$ 为时间常数。从以上表达式可以看出，电流 $i_L(t)$ 及电压 $u_L(t)$ 及 $u_R(t)$ 都是按同样的指数规律衰减的，它们衰减的快慢取决于指数中时间常数 $\dfrac{L}{R}$ 的大小。

在求解一阶电路的零输入响应问题时，公式（5-5）及公式（5-6）可直接运用。

【例 5-4】　如图 5-10a 所示电路中，$R_1 = 3\text{k}\Omega$，$R_2 = 6\text{k}\Omega$，$C = 1\mu\text{F}$。开关 K 原来接于端子 1，$t = 0$ 时，K 突然换接于端子 2，此时 $u_C(0_-) = 12\text{V}$，求 $t > 0$ 的响应 u_C、i_1 和 i_2。

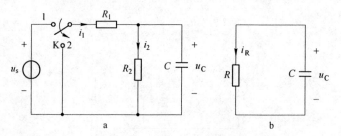

图 5-10　例 5-4 的图

解：（1）求初始值 $u_C(0_+)$。当 $t = 0$ 时，K 合于 2 后的等效电路如图 5-10b 所示。图中等效电阻 R 为 R_1 与 R_2 构成的并联连接，R 的大小为：

$$R = \frac{R_1 R_2}{R_1 + R_2} = 2\text{k}\Omega$$

已知 $u_C(0_-) = 12\text{V}$，根据换路定律，有：

$$u_C(0_+) = u_C(0_-) = 12\text{V}$$

（2）求时间常数 τ。

$$\tau = RC = 2 \times 10^3 \times 10^{-6} = 2 \times 10^{-3}\text{s}$$

（3）求零输入响应。

$$u_C(t) = u_C(0_+)e^{-\frac{t}{\tau}} = 12e^{-500t} \quad (t \geq 0)$$

于是得：

$$i_1(t) = -\frac{u_C}{R_1} = -4 \times 10^{-3}e^{-500t}$$

$$i_2(t) = \frac{u_C}{R_2} = 2 \times 10^{-3}e^{-500t} \quad (t > 0)$$

5.3 一阶电路的零状态响应

零状态响应就是电路在零初始状态（动态元件电感或电容初始储能为 0）下换路，且换路后外施激励源不为 0 的情况下，由于换路产生的电压和电流响应。

5.3.1 RC 串联电路的零状态响应

如图 5 – 11 所示 RC 串联电路中，开关 K 闭合前电路处于零初始状态，即 $u_C(0_-) = 0$，在 $t = 0$ 时刻，开关 K 闭合，求开关 K 闭合后，电路的零状态响应。

（1）$t > 0$ 时，根据 KVL 可得：

$$u_R(t) + u_C(t) = u_s$$

（2）以 $u_C(t)$ 为未知量建立微分方程，因：

$$i_C(t) = C\frac{du_C(t)}{dt}$$

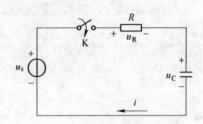

可得：

$$RC\frac{du_C(t)}{dt} + u_C(t) = u_s$$

图 5 – 11　RC 串联电路的
零状态响应图

这是一个一阶线性常系数非齐次微分方程。它的全解由特解 u_C' 和对应的齐次方程的通解 u_C'' 叠加而成。

由：

$$RC\frac{du_C'(t)}{dt} + u_C'(t) = u_s$$

得特解：

$$u_C' = u_s$$

特解是充电结束后电路达到新的稳态时的稳态值，称为稳态分量。

由：

$$RC\frac{du_C''(t)}{dt} + u_C''(t) = 0$$

得通解：

$$u_C'' = Ae^{-\frac{t}{RC}}$$

通解代表的是瞬态分量，该分量在达到新稳态后便衰减为零。

全解为：

$$u_C(t) = u_s + Ae^{-\frac{t}{RC}}$$

（3）根据换路定律可知：

$$u_C(0_+) = u_C(0_-) = 0,$$
$$0 = u_s + A$$
$$A = -u_s$$

得到：

$$u_C(t) = u_s - u_s e^{-\frac{t}{RC}} = u_s(1 - e^{-\frac{t}{RC}}) \tag{5 – 7}$$

或者：

$$u_C(t) = u_s(1 - e^{-\frac{t}{\tau}})$$

$$i_C(t) = C\frac{du_C(t)}{dt} = \frac{u_s}{R}e^{-\frac{t}{\tau}}$$

$$u_R(t) = Ri(t) = u_s e^{-\frac{t}{RC}}$$

5.3.2 RL 串联电路的零状态响应

图 5 – 12 中，已知在开关 K 闭合前，电感中的电流的初始值为零，求开关 K 闭合后，

电路的零状态响应。

（1）根据基尔霍夫定理，开关合上后有：

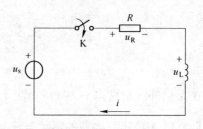

图 5-12　RL 串联电路的
零状态响应图

$$u_L(t) + u_R(t) = u_s$$

（2）以 $i_L(t)$ 为未知量，建立微分方程，因：

$$u_L(t) = L\frac{di_L(t)}{dt}$$

且电感两端电压与电流参考方向一致，得：

$$L\frac{di_L(t)}{dt} + Ri_L(t) = u_s$$

与 RC 电路分析类似，该方程的解也由特解 i'_L 和对应齐次方程的通解 i''_L 叠加组成。

由：

$$L\frac{di'_L(t)}{dt} + Ri'_L(t) = u_s$$

得特解：

$$i'_L = \frac{u_s}{R}$$

由：

$$L\frac{di'_L(t)}{dt} + Ri'_L(t) = 0$$

得通解：

$$i''_L = Ae^{-\frac{R}{L}t}$$

全解为：

$$i_L(t) = \frac{u_s}{R} + Ae^{-\frac{R}{L}t}$$

（3）根据换路定理可知：　$i_L(0_+) = i_L(0_-) = 0$

$$0 = \frac{u_s}{R} + A$$

$$A = -\frac{u_s}{R}$$

得到：

$$i_L(t) = \frac{u_s}{R} + \frac{u_s}{R}e^{-\frac{R}{L}t} = \frac{u_s}{R}\left(1 - e^{-\frac{R}{L}t}\right) \qquad (5-8)$$

或者：

$$i_L(t) = \frac{u_s}{R}\left(1 - e^{-\frac{t}{\tau}}\right)$$

$$u_L(t) = L\frac{di_L(t)}{dt} = u_se^{-\frac{t}{\tau}}$$

$$u_R(t) = u_s - u_L(t) = u_s\left(1 - e^{-\frac{t}{\tau}}\right)$$

在公式（5-7）和公式（5-8）中，u_s 即为电容电压 u_C 在 $t\to\infty$ 时的稳态值 $u_C(\infty)$；而 $\frac{u_s}{R}$ 即为电感电流 i_L 在 $t\to\infty$ 时的稳态值 $i_L(\infty)$，则公式（5-7）和公式（5-8）更广义的写法为：

$$i_L(t) = i_L(\infty)\left(1 - e^{-\frac{R}{L}t}\right) \qquad (5-9)$$

$$u_C(t) = u_C(\infty)\left(1 - e^{-\frac{t}{RC}}\right) \qquad (5-10)$$

在求解一阶电路零状态响应问题时，公式（5-9）及公式（5-10）可直接运用。

【例 5 – 5】 如图 5 – 13 所示电路中，开关 K 闭合时电路已经处于稳态，已知 $R_1 = 5\Omega$，$R_2 = R_3 = 10\Omega$，$L = 2H$，在 $t = 0$ 时刻将开关 K 打开，求 $t > 0$ 后的 i_L 和 u_L。

解： （1）求稳态值 $i_L(\infty)$。当 $t = 0$ 时，开关 K 打开后，电路再次到达稳态时等效电路如图 5 – 13b 所示。

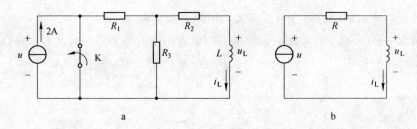

图 5 – 13 例 5 – 5 的图

由于稳态时电感相当于短路，故图中等效电阻 R 为 R_2 与 R_3 并联后再与 R_1 构成的串联连接，R 的大小为：

$$R = R_1 + \frac{R_2 R_3}{R_2 + R_3} = 10 + 10 = 20\Omega$$

2A 电流源两端电压为：
$$u = 2 \times 10 = 20V$$

$$i_L(\infty) = \frac{u}{R} = \frac{20}{20} = 1A$$

（2）求时间常数 τ。

$$\tau = \frac{L}{R} = \frac{2}{20} = 0.1s$$

（3）求零状态响应。

$$i_L(t) = \frac{u}{R}(1 - e^{-\frac{t}{\tau}}) = i_L(\infty)(1 - e^{-\frac{t}{\tau}}) = (1 - e^{-10t})A \qquad (t \geq 0)$$

$$u_L(t) = L\frac{di_L}{dt} = 20e^{-10t}V \qquad (t > 0)$$

5.4　一阶电路的全响应

当一阶电路的电容或电感的初始值不为零同时又有外施电源作用时，这时电路的响应称为一阶电路的全响应。

5.4.1　全响应的两种分解方式

根据叠加原理，一阶电路全响应可分解为元件储能形成的零输入响应和外部电源单独作用形成的零状态响应叠加，即：

全响应 = 零输入响应 + 零状态响应

对于图 5 – 8 所示的 RC 电路，如果在开关闭合前电容器已充电至 U_0，并且极性如图所示，则电路的全响应为：

$$u_C(t) = U_0 e^{-\frac{t}{\tau}} + u_s(1 - e^{-\frac{t}{\tau}}) \tag{5-11}$$

或
$$u_C(t) = u_s + (U_0 - u_s)e^{-\frac{t}{\tau}} \tag{5-12}$$

其中
$$\tau = RC$$

对具体 RC 电路而言, 就是看做一方面已充电的电容经电阻放电(电源短路), 另一方面电源对没有充电的电容器充电, 两者相加便得到全响应。

对于图 5-9 所示的 RL 电路, 如果电感中电流初始值不为零, 而是 I_0, 并且极性如图所示, 则电路全响应为:

$$i_L(t) = I_0 e^{-\frac{t}{\tau}} + \frac{u_s}{R}(1 - e^{-\frac{t}{\tau}}) \tag{5-13}$$

或
$$i_L(t) = \frac{u_s}{R} + (I_0 - \frac{u_s}{R})e^{-\frac{t}{\tau}} \tag{5-14}$$

其中
$$\tau = \frac{L}{R}$$

从式(5-11)和式(5-13)可以看出, 右边第 1 项均为零输入响应, 而第 2 项均为零状态响应, 结果表现为两者之和, 满足叠加定理。

从式(5-12)和式(5-14)可以看出, 右边第 1 项均为稳态分量, 而第 2 项均为瞬态分量, 它是随时间的增长而按指数规律逐渐衰减为零。所以, 全响应又可以表示为:

$$全响应 = 稳态分量 + 瞬态分量$$

无论哪种分解, 都不过是方法不同而已, 真正的响应仍然是全响应, 是由初始值、稳态解和时间常数 3 个要素决定的, 这一点上述 4 个公式中均有体现。

5.4.2 三要素法

下面介绍的三要素法对于分析复杂一阶电路相当简便。一阶电路只会有一个电容(或电感)元件, 尽管其他支路可能由许多的电阻、电源、受控源等构成, 但是将动态元件独立开来, 其他部分可以看成是一个端口的电阻电路, 根据戴维南定理或诺顿定理可将复杂的网络化成图 5-14 所示的简单电路。

由图 5-14b 可见, 电容上的电压 u_C 为:

$$u_C(t) = u_{oc} + [u_C(0_+) - u_{oc}]e^{-\frac{t}{\tau}}$$

式中, $\tau = R_{eq}C$; u_{oc} 是一端口网络 N 的开路电压, 由于 $u_{oc} = \lim u_C(t) = u_C(\infty)$, 所以上式可以改写为:

$$u_C(t) = u_C(\infty) + [u_C(0_+) - u_C(\infty)]e^{-\frac{t}{\tau}} \tag{5-15}$$

同理, 根据图 5-14d 可以直接写出电感电流的表达式为:

$$i_L(t) = i_L(\infty) + [i_L(0_+) + i_L(\infty)]e^{-\frac{t}{\tau}} \tag{5-16}$$

式中, $\tau = \frac{L}{R_{eq}}$; $i_L(\infty) = \frac{u_{oc}}{R_{eq}}$, 为 i_L 的稳态分量。

由以上分析可以看出, 全响应总是由初始条件、稳态特解和时间常数 3 个要素来决定。在直流电源激励下, 若初始条件为 $f(0_+)$, 稳态为解 $f(\infty)$, 时间常数为 τ, 则全响应 $f(t)$ 可表示为:

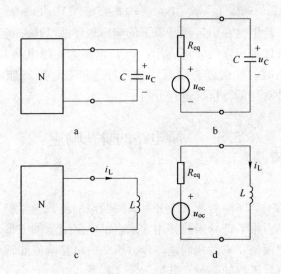

图 5-14 复杂一阶电路的全响应

$$f(t) = f(\infty) + [f(0_+) - f(\infty)] e^{-\frac{t}{\tau}} \qquad (5-17)$$

如果已经确定一阶电路的 $f(0_+)$、$f(\infty)$ 和 τ 这 3 个要素，完全可以根据式（5-17）直接写出电流激励下一阶电路的全响应，称之为三要素法。

一阶电路在正弦激励源的作用下，由于电路的特解 $f'(t)$ 是时间的正弦函数，则式（5-17）可以写为：

$$f(t) = f'(t) + [f(0_+) - f'(0_+)] e^{-\frac{t}{\tau}}$$

其中 $f'(t)$ 是特解，为稳态响应，$f'(0_+)$ 是 $t = 0_+$ 时稳态响应的初始值。

【例 5-6】 图 5-15 所示电路中，已知开关 K 闭合前，电容有初始储能，且 $C = 1F$，$u_C(0_-) = 1V$，$R = 1\Omega$。在 $t = 0$ 时将开关 K 闭合，求 $t > 0$ 后的 i_C、u_C 及电流源两端的电压。

解：（1）求初始值 $u_C(0_+)$。根据已知条件，电容有初始储能，且 $u_C(0_-) = 1V$，当 $t = 0$ 时，K 闭合后发生换路，根据换路定理，有：

$$u_C(0_+) = u_C(0_-) = 1V$$

（2）求稳态值 $u_C(\infty)$。当开关闭合且 $t \to \infty$ 时，电容相当于开路，则：

$$u_C(\infty) = 10 + 1 \times R = 11V$$

（3）求时间常数 τ。

$$\tau = R_{eq}C = 2RC = 2 \times 1 = 2s$$

图 5-15 例 5-6 的图

（4）求全响应。

$$u_C(t) = u_C(\infty) + [u_C(0_+) - u_C(\infty)] e^{-\frac{t}{\tau}} = 11 - 10e^{-0.5t}V \quad (t \geq 0)$$

所以

$$i_C(t) = C \frac{du_C}{dt} = 5e^{-0.5t} A$$

$$u(t) = R \cdot i_{C} + R \cdot 1 + u_{C} = 12 - 5e^{-0.5t}\text{V} \quad (t > 0)$$

三要素法是依据一阶电路在恒定激励源下的响应规律总结出来的简单分析方法。这种方法只有在下列两个条件都成立时才可应用:(1)电路为一阶电路;(2)激励是恒定的。当激励信号随时间变化时,如激励为阶跃函数或冲激函数,则不能应用三要素法进行求解,接下来的两节将针对这两种情况进行分析。

5.5　一阶电路的阶跃响应

5.5.1　单位阶跃函数

一般来说,具有第一类间断点或其微分具有间断点的函数通常都是奇异函数。近代电路的重要特征之一就是引用了奇异函数并用它来表示电路变量的波形及函数。奇异函数是开关信号最接近的理想模型,它对我们进一步分析一阶电路响应非常重要。

单位阶跃函数是奇异函数的一种,其数学定义如下:

$$\varepsilon(t) = \begin{cases} 0 & t \leq 0_{-} \\ 1 & t \geq 0_{+} \end{cases}$$

它在(0_{-},0_{+})时域内发生了单位阶跃。这个函数可以用来描述开关动作,表示电路在 $t = 0$ 时刻发生换路,是开关信号的最接近的理想模型,所以有时也称为开关函数。定义任一时刻 t_{0}(t_{0} 为正实常数)起始的阶跃函数为:

$$\varepsilon(t - t_{0}) = \begin{cases} 0 & t \leq t_{0} \\ 1 & t \geq t_{0} \end{cases}$$

如图 5-16b 所示,$\varepsilon(t - t_{0})$ 起作用的时间比 $\varepsilon(t)$ 滞后了 t_{0},可看做是 $\varepsilon(t)$ 在时间轴上向后移动了一段时间 t_{0},称之为延迟的单位阶跃函数。类似地,也有如图 5-16c 所示的超前的单位阶跃函数。

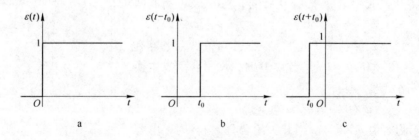

图 5-16　阶跃函数

a—单位阶跃函数;b—延迟的单位阶跃函数;c—超前的单位阶跃函数

5.5.2　单位阶跃响应

电路在单位阶跃函数激励源作用下产生的零状态响应称为单位阶跃响应。

5.5.2.1　RC 电路的阶跃响应

对图 5-17 中的 RC 电路而言,外施激励不是直流电压源,而是阶跃函数 $\varepsilon(t)$,则

RC 电路中的电容电压的单位阶跃响应为：

$$u_C = (1 - e^{-\frac{t}{\tau}})\varepsilon(t) \tag{5-18}$$

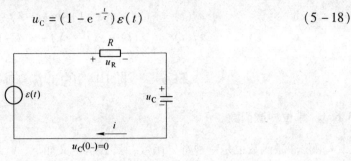

图 5 - 17　RC 电路的阶跃响应

5.5.2.2　RL 电路的阶跃响应

对于简单的 RL 电路来说，当激励源为阶跃函数 $\varepsilon(t)$ 时，电路中的电感电流的单位阶跃响应为：

$$i_L = \frac{1}{R}(1 - e^{-\frac{t}{\tau}})\varepsilon(t) \tag{5-19}$$

单位阶跃函数可以用来表示复杂的信号，如矩形脉冲信号。对于图 5 - 18a 所示的幅度为 1 的矩形脉冲，可以把它看做是由如图 5 - 18b 所示两个阶跃函数组成的，其数学表达式为：

$$f(t) = \varepsilon(t) - \varepsilon(t - t_0)$$

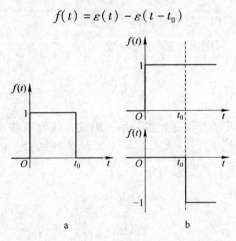

图 5 - 18　用阶跃函数表示矩形脉冲

【例 5 - 7】　用阶跃函数分别表示图 5 - 19 所示的函数 $f(t)$。

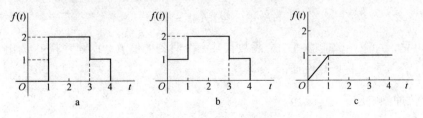

图 5 - 19　例 5 - 7 的图

解：a　　　　　　　　　　$f(t) = 2\varepsilon(t-1) - \varepsilon(t-3) - \varepsilon(t-4)$

　　　b　　　　　　　　　$f(t) = \varepsilon(t) + \varepsilon(t-1) - \varepsilon(t-3) - \varepsilon(t-4)$

　　　c　　　　　　　　　$f(t) = t[\varepsilon(t) - \varepsilon(t-1)] + \varepsilon(t-1)$

5.6　一阶电路的冲激响应

5.6.1　单位冲激函数

单位冲激函数也是一种奇异函数，其数学定义如下：

$$\begin{cases} \int_{-\infty}^{\infty} \delta(t)\,\mathrm{d}t = 1 \\ \delta(t) = 0 \quad (t \neq 0) \end{cases}$$

单位阶跃函数又叫 δ 函数，如图 5-20a 所示，图 5-20b 表示强度为 K 的冲激函数。这种函数可以描述在实际电路切换过程中，可能出现的一种特殊形式的脉冲——在极短的时间内表示为非常大的电流或电压。它可以看做是单位脉冲函数的极限情况。

值得注意的是，冲激函数有两个非常重要的性质：

（1）单位冲激函数 $\delta(t)$ 对时间 t 的积分等于单位阶跃函数 $\varepsilon(t)$，即：

$$\int_{-\infty}^{t} \delta(\xi)\,\mathrm{d}\xi = \varepsilon(t) \qquad (5-20)$$

反之，阶跃函数 $\varepsilon(t)$ 对时间 t 的一阶导数等于冲激函数 $\delta(t)$，即：

$$\frac{\mathrm{d}\varepsilon(t)}{\mathrm{d}t} = \delta(t) \qquad (5-21)$$

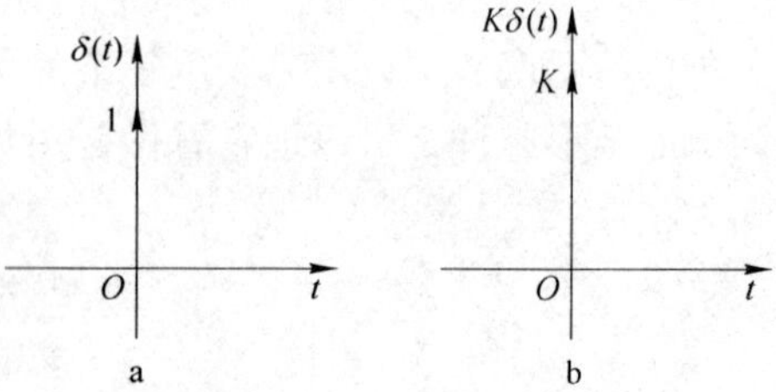

图 5-20　冲激函数

由于阶跃函数与冲激函数之间有上述关系，因此，线性电路中的阶跃响应与冲激响应之间也具有重要关系。如果以 $s(t)$ 表示某一电路的阶跃响应，而 $h(t)$ 为同一电路的冲激响应，则两者之间存在下列数学关系：

$$\int_{-\infty}^{t} h(t)\,\mathrm{d}t = s(t)$$

$$\frac{\mathrm{d}s(t)}{\mathrm{d}t} = h(t)$$

（2）单位冲激函数的"筛分"性质。设 $f(t)$ 是一个定义域为 $t \in (-\infty, \infty)$，且在 $t = t_0$ 时连续的函数，有：

$$\int_{-\infty}^{\infty} f(t)\delta(t-t_0)\,\mathrm{d}t = f(t_0) \qquad (5-22)$$

由此可见，冲激函数能够将一个函数在某一个时刻的值 $f(t_0)$ 筛（挑）选出来，称之为"筛分"性质，又称取样性质。

5.6.2　单位冲激响应

电路对于单位冲激函数输入的零状态响应称为单位冲激响应。

5.6.2.1 RC 电路的冲激响应

如图 5 – 21a 所示的 RC 电路中，激励源由单位冲激函数 $\delta_i(t)$ 来描述。

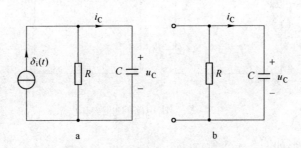

图 5 – 21　RC 电路的冲激响应

设电容无初始储能，根据 KCL 有：

$$C\frac{du_C}{dt} + \frac{u_C}{R} = \delta_i(t)$$

其中

$$u_C(0_-) = 0$$

将上式从 $t = 0_-$ 到 $t = 0_+$ 时间间隔内积分，有：

$$\int_{0_-}^{0_+} C\frac{du_C}{dt}dt + \int_{0_-}^{0_+} \frac{u_C}{R}dt = \int_{0_-}^{0_+} \delta_i(t)dt$$

如果 u_C 为冲激函数，则 $i_R\left(i_R = \dfrac{u_C}{R}\right)$ 也为冲激函数，而 $i_C = \dfrac{du_C}{dt}$ 将为冲激函数的一阶导数，则上式不能成立，故 u_C 不可能为冲激函数，且上式中第 2 项积分应为零，所以有：

$$C[u_C(0_+) - u_C(0_-)] = 1$$

即：

$$u_C(0_+) = \frac{1}{C}$$

而当 $t \geq 0_+$ 时，冲激电流源相当于开路，如图 5 – 19b 所示。则电容电压可表示为：

$$u_C = u_C(0_+)e^{-\frac{t}{\tau}} = \frac{1}{C}e^{-\frac{t}{\tau}}\varepsilon(t) \qquad (5 – 23)$$

其中 $\tau = RC$ 为时间常数，且

$$\varepsilon(t) = \int_{-\infty}^{t} \delta(\xi)d\xi$$

5.6.2.2 RL 电路的冲激响应

如图 5 – 22a 所示的 RL 电路中，激励源用单位冲激函数 $\delta_u(t)$ 来描述。

则 RL 电路的零状态响应为：

$$i_L = \frac{1}{L}e^{-\frac{t}{\tau}}\varepsilon(t) \qquad (5 – 24)$$

其中，τ 为时间常数，$\tau = \dfrac{L}{R}$。

在此电路中，电感电流发生跃变，而电感电压 u_L 可表示为：

$$u_L = \delta_u(t) - \frac{R}{L}e^{-\frac{t}{\tau}}\varepsilon(t) \qquad (5 – 25)$$

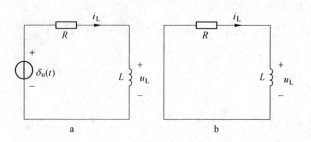

图 5 - 22   RL 电路的冲激响应

而 i_L 和 u_L 的波形如图 5 - 23 所示。

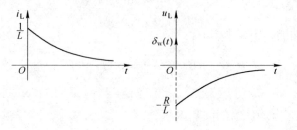

图 5 - 23 i_L 和 u_L 的波形图

【例 5 - 8】   求图 5 - 24a 所示电路的冲激响应 i_L。已知图中 $R_1 = R_2 = 20\Omega$，$R_3 = 30\Omega$，$L = 1\mathrm{H}$。

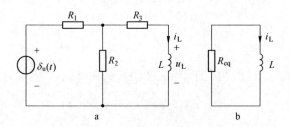

图 5 - 24   例 5 - 8 的图

解：采用转化为零输入响应的方法求解。

（1）确定 $\delta(t)$ 在 $t = 0$ 时为电感提供的初始状态 $u_L(0)$。$t = 0$ 时，$i_L(0_-) = 0$。电感相当于开路，则：

$$u_L(0) = \frac{R_2}{R_1 + R_2}\delta(t) = \frac{1}{2}\delta(t)$$

（2）求初始值 $i_L(0_+)$。由于 $u_L(0)$ 中含有 $\delta(t)$，故电感电流在 $t = 0$ 时将发生跳变，即有：

$$i_L(0_+) = \frac{1}{L}\int_{0_-}^{0_+} u_L(0)\,\mathrm{d}t = \frac{1}{L}\int_{0_-}^{0_+} \frac{1}{2}\delta(t)\,\mathrm{d}t = \frac{1}{2}\mathrm{A}$$

（3）求时间常数。对 $t > 0$，电路为零输入，其等效电路图如图 5 - 24b 所示。图中：

$$R_{eq} = R_3 + \frac{R_1 R_2}{R_1 + R_2} = 40\,\Omega$$

故

$$\tau = \frac{L}{R_{eq}} = \frac{1}{40}\,\mathrm{s}, \ L = 1\,\mathrm{H}$$

（4）求冲激响应。

$$i_L = i_L(0_+)\,\mathrm{e}^{-\frac{t}{\tau}}\,1(t) = \frac{1}{2}\,\mathrm{e}^{-40t}$$

5.7 应用实例

5.7.1 电梯接近开关

日常生活中使用的电器包含许多开关。多数开关是机械的，还有一种触摸控制开关应用也很广，如用于电梯控制和台灯控制等。许多电梯使用的是电容式接近开关，当触摸这类接近开关时，电容量发生变化，从而引起电压的变化，形成开关。电梯接近开关按钮如图 5-25a 所示，它由一个金属环和一个圆形金属平板构成电容的两个电极。电极由绝缘膜覆盖，防止直接与金属接触。可将它等效为一个电容保留 C_1，如图 5-25b 所示。当手指接触到按钮时，电路好像增加了一个连到地的电极，并与按钮的两极分别形成电容 C_2 和电容 C_3，其电路模型如图 5-26c 所示。

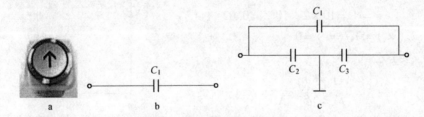

图 5-25 电梯接近开关按钮

图 5-26a 所示为电梯接近开关电路，C 是一个固定电容。图 5-25 和图 5-26 中电容的实际值范围是 $10\sim50\,\mathrm{pF}$，它取决于手指如何接触，是否戴手套等。为了分析方便，设 $C = C_1 = C_2 = C_3 = 25\,\mathrm{pF}$。当手指没有触摸时，其等效电路如图 5-26b 所示，输出电压为：

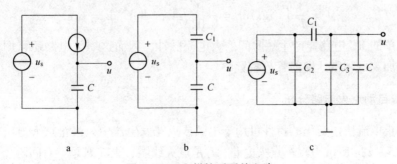

图 5-26 电梯接近开关电路

$$u = \frac{C_1}{C_1 + C_s}u_s = \frac{1}{2}u_s$$

当手指触摸开关按钮时，其等效电路如图 5–27c 所示，输出电压为：

$$u = \frac{C_1}{C_1 + (C_3 + C)}u_s = \frac{1}{3}u_s$$

可见，当触摸开关按钮时输出电压将降低，一旦电梯的控制计算机检测到输出电压下降，将会进行相应的动作。

5.7.2　闪光灯电路

电子闪光灯电路是一阶 RC 电路应用的一个实例，它利用了电容阻止其电压突变的特性。图 5–27 给出了一个简化的闪光灯电路，它由一个直流电压源、一个限流的大电阻 R 和一个与闪光灯并联的电容 C 等组成，闪光灯可用一个小电阻 r 等效。开关 S 处于位置 1 时，电容已充满电。当开关 S 由位置 1 打向位置 2 时，闪光灯开始工作，但闪光灯的小电阻 r 使电容在很短的时间内放电完毕，放电时间近似为 $5\tau = 5rC$，从而达到闪光的效果。电容放电时将会产生短时间的大电流脉冲。

设开关转换时刻为 0，则可知，

$$u_C(0_+) = u_C(0_-) = 80\text{V}$$

$$i(0_+) = \frac{u_C(0_+)}{r} = 8\text{A}$$

$$\tau = rC = 10 \times 2 \times 10^{-3} = 0.02\text{s}$$

$$u_C(\infty) = 0, i(\infty) = 0$$

代入三要素公式，得：

$$u_C(t) = 80e^{-50t}\text{V}$$

$$i(t) = 8e^{-50t}\text{A}$$

由于闪光灯的截止电压为 20V，因此电压 $u_C(t)$ 降至 20V 时所需的时间 T_H 就是闪光灯的闪光时间，有：

$$u_C(T_H) = 20 = 80e^{-50T_H}$$

解得：

$$T_H = 0.0277\text{s}$$

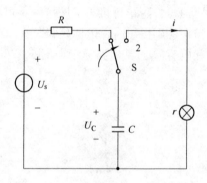

图 5–27　简化的闪光灯电路

流经闪光灯的平均电流为：

$$I = \frac{1}{T_H}\int_0^{T_H} i(t)\,\mathrm{d}t = \frac{1}{0.0277}\int_0^{0.0277} 8e^{-50t}\,\mathrm{d}t = 6\text{A}$$

由于简单的 RC 电路能产生短时间的大电流脉冲，因而这一类电路还可用于电子点焊机、电火花加工机和雷达发射管等装置中。

5.7.3　汽车自动点火电路分析

电感阻止电流快速变化的特性可用于电弧或火花发生器中，汽车点火电路就利用了这一特性。图 5–28a 所示为汽车点火电路，L 是点火线圈，火花塞是一对间隔一定的空气隙电极。当开关动作时，瞬变电流在点火线圈上产生高压（一般为 20～40kV），这一高压在

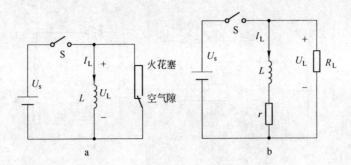

图 5-28 汽车点火电路及模型

火花塞处产生火花而点燃气缸中的汽油混合物，从而发动汽车。

【例 5-9】 图 5-28b 所示为汽车点火电路的模型，其中火花塞等效为一个电阻，$R_L = 20\text{k}\Omega$。电感线圈电阻 $r = 6\Omega$，电感 $L = 4\text{mH}$。若供电电池电压 $U_s = 12\text{V}$，开关 S 在 $t = 0$ 时闭合，经 $t_0 = 1\text{ms}$ 后又打开，求 $t > t_0$ 时火花塞 R_L 上的电压 $u_L(t)$。

解：当 $0 < t < t_0$ 时，电感两端看去的等效电阻为：

$$R_0 = R_L + r \approx 20\text{k}\Omega$$

时间常数为：

$$\tau = \frac{L}{R_0} = \frac{4 \times 10^{-3}}{20 \times 10^{3}} = 2 \times 10^{-7}\text{s}$$

由于 $t_0 = 1\text{ms} \gg 5\tau$，因此 $t = t_0$ 时电路已达稳态，故：

$$i_L(t_{0-}) = \frac{U_s}{r} = 2\text{A}$$

当 $t > t_0$ 时，有：

$$i_L(t_{0+}) = i_L(t_{0-}) = 2\text{A}$$
$$u_L(t_{0+}) = -R_L i_L(t_{0+}) = -20 \times 10^{3} \times 2 = -40\text{k}\Omega$$
$$u_L(\infty) = 0$$

由三要素法公式，得：

$$u_L(t) = -40\text{e}^{-5 \times 10^{6}(t - t_0)}\text{kV}$$

可见，火花塞上的瞬间电压最大可以达到 40kV，该电压足以使火花塞点火。开关的闭合和打开可以采用脉冲宽度为 1ms 的脉冲电子开关控制。

5.7.4 继电器电路

磁力控制的开关称为继电器。继电器通常用于实现用较小的电流去控制具有较大电流的设备，以保证用电安全。图 5-29a 所示为一个典型的继电器电路，其中的线圈电路是一个 RL 电路，图中的 R 和 L 是线圈的内阻和电感。当图 5-29a 中的开关 S_1 闭合时，线圈中就会流过一定的电流而使线圈内部产生磁场。当磁场增加到足够强时，就能拉动处于另一电路中的可动触片而将开关 S_2 闭合，此时，称为继电器吸合。从开关 S_1 闭合到开关 S_2 闭合的时间间隔 t_d 称为继电器的延迟时间。线圈中能够产生吸合动作所需的最小电流

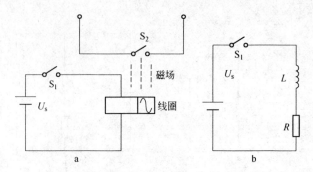

图 5 - 29   继电器电路

称为吸合电流。

【例 5 - 10】   某继电器电路如图 5 - 29a 所示，图 5 - 29b 是其电路模型。$U_s = 12V$，若线圈内阻 $R = 150\Omega$，其电感 $L = 30mH$，吸合电流为 $50mA$，计算继电器的延迟时间 t_d。

解：设开关 S_1 在 $t = 0$ 时闭合，则：

$$i_L(0_+) = i_L(0_-) = 0$$

由三要素公式，有：

$$i_L(t) = 80(1 - e^{-t/\tau}) \, mA$$

由于吸合电流为 $50mA$，则：

$$i_L(t_d) = 50mA = 80(1 - e^{-t_d/\tau}) \, mA$$

解得继电器的延迟时间 t_d 为：

$$t_d = \tau \ln\left(\frac{8}{3}\right) = 0.1962ms$$

- - + - - + - - + - - + - - + - - + - - + - - + - - + - - + - - + - - + - - + - - + - - + - - + - - + - - +

习   题

5 - 1 图 5 - 30 所示电路中，开关 K 在 $t = 0$ 时动作，试求电路在 $t = 0_+$ 时刻的电压、电流。

5 - 2 图 5 - 31 所示电路到达稳态后在 $t = 0$ 时刻打开开关 K，已知 $R_1 = 10k\Omega$、$R_2 = 40k\Omega$，求 $i_C(0_+)$。

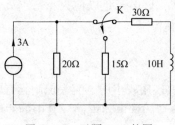

图 5 - 30   习题 5 - 1 的图

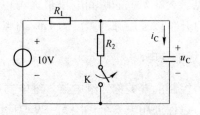

图 5 - 31   习题 5 - 2 的图

5 - 3 图 5 - 32 所示电路中 $t = 0$ 时，闭合开关 K，已知 $I_s = 0.5A$，$R = 10\Omega$，求 $i_C(0_+)$、$u_L(0_+)$。

5 - 4 已知图 5 - 33 所示电路中的电容原本充有 24V 电压，求 K 闭合后，电容电压和各支路电流随时间变化的规律。

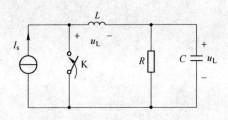

图 5 – 32　习题 5 – 3 的图

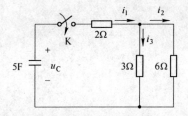

图 5 – 33　习题 5 – 4 的图

5 – 5　图 5 – 34 中开关 K 在位置 1 已久, $t = 0$ 时开关 K 由 1→2,求换路后电感电压和电流。

5 – 6　图 5 – 35 中, $t = 0$ 时开关 K 闭合,已知 $u_C(0_-) = 0$,求电容电压和电流。

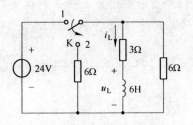

图 5 – 34　习题 5 – 5 的图

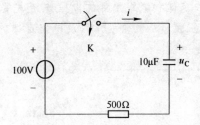

图 5 – 35　习题 5 – 6 的图

5 – 7　图 5 – 36 所示电路中开关 K 打开前已处于稳定状态。$t = 0$ 时,开关 K 打开,求 $t \geqslant 0$ 时的 $u_L(t)$ 和电压源发出的功率。

5 – 8　图 5 – 37 所示电路中,已知 $R_1 = R_2 = R_3 = 3\text{k}\Omega$, $U_s = 12\text{V}$, $C = 10^3\text{pF}$,开关 K 未打开时, $u_C(0_-) = 0$, $t = 0$ 时将开关打开,试求电容电压 $u_C(t)$ 的变化规律。

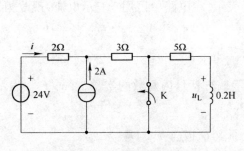

图 5 – 36　习题 5 – 7 的图

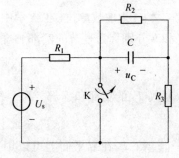

图 5 – 37　习题 5 – 8 的图

5 – 9　图 5 – 38a 所示电路中的电压 $u(t)$ 的波形如图 5 – 38b 所示,试求电流 $i(t)$。

5 – 10　求图 5 – 39 所示电路中电容加冲击激励后的电压。

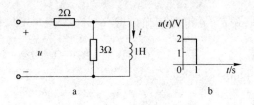

图 5 – 38　习题 5 – 9 的图

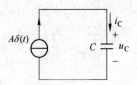

图 5 – 39　习题 5 – 10 的图

6 相 量

本章导读

　　本章介绍正弦稳态分析的相量法。主要内容有:复数、正弦量的三要素及其相量表示、基尔霍夫定律和电路元件的电压电流关系的相量形式。正确理解正弦量的有关概念是前提,熟悉正弦量的相量表示法及电路定律的相量形式是基础,熟练掌握正弦稳态电路的相量分析法是关键。

6.1 复 数

6.1.1 复数的基本概念

　　相量法是线性电路正弦稳态分析的一种简便有效的方法。应用相量法需要运用复数的运算,本节对复数的有关知识作一扼要的介绍。复数有多种表示形式。其代数形式为:

$$\dot{F} = a + jb$$

式中,$j = \sqrt{-1}$ 为虚数单位(在数学中常用 i 表示,在电路中已用 i 表示电流,现改为用 j)。系数 a 和 b 分别称为复数的实部和虚部,即:

$$\mathrm{Re}[\dot{F}] = a, \quad \mathrm{Im}[\dot{F}] = b$$

表示取复数 $\dot{F}$ 的实部和虚部。$\mathrm{Re}[\dot{F}]$ 表示取方括号内复数的实部,$\mathrm{Im}[\dot{F}]$ 表示取其虚部。

　　一个复数 $\dot{F}$ 在复平面上可以用一条从原点 O 指向 $\dot{F}$ 对应坐标点的有向线段（向量）表示,如图 6 - 1 所示。

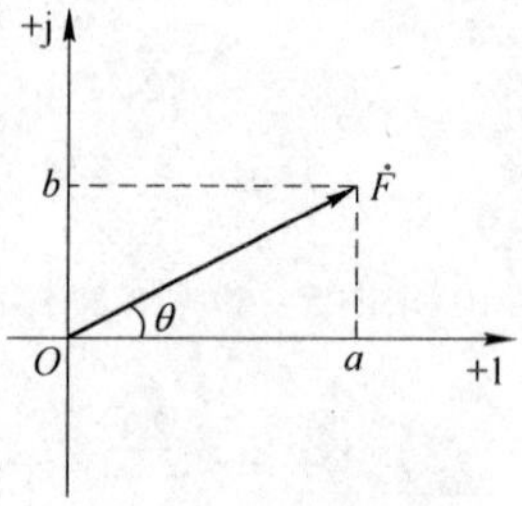

　　根据图 6 - 1,可得复数 $\dot{F}$ 的三角表达式:

$$\dot{F} = |\dot{F}|(\cos\theta + j\sin\theta)$$

式中, $|\dot{F}|$ 为复数的模值,其辐角为 $\theta = \arg\dot{F}$。θ 可以用弧度或度表示,他们之间的关系为:

图 6 - 1　复数的表示

$$a = |\dot{F}|\cos\theta, \ b = |\dot{F}|\sin\theta$$

或

$$|\dot{F}| = \sqrt{a^2 + b^2}, \ \theta = \arctan\left(\frac{b}{a}\right)$$

根据欧拉公式:

$$e^{j\theta} = \cos\theta + j\sin\theta$$

复数的三角形式可以变为指数形式，即：

$$\dot{F} = |\dot{F}|e^{j\theta}$$

所以复数 $\dot{F}$ 是其模值 $|\dot{F}|$ 与 $e^{j\theta}$ 相乘的结果。上述指数形式有时改写为极坐标形式，即：

$$\dot{F} = |\dot{F}|\angle\theta$$

复数的加减运算常用代数形式来表示，例如若：

$$\dot{F}_1 = a_1 + jb_1, \quad \dot{F}_2 = a_2 + jb_2$$

则有：
$$\dot{F}_1 \pm \dot{F}_2 = (a_1 + jb_1) \pm (a_2 + jb_2) = (a_1 \pm a_2) + j(b_1 \pm b_2)$$

复数的相加和相减也可以按平行四边形法在复平面上用向量加减求得，如图 6 - 2 所示。

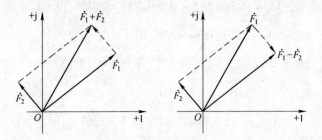

图 6 - 2　复数代数和图解法

两个复数的相乘，用代数形式表示为：

$$\dot{F}_1\dot{F}_2 = (a_1 + jb_1)(a_2 + jb_2) = (a_1a_2 - b_1b_2) + j(a_1b_2 + a_2b_1) \tag{6-1}$$

复数相乘用指数形式更为方便，如：

$$\dot{F}_1\dot{F}_2 = |\dot{F}_1|e^{j\theta_1}|\dot{F}_2|e^{j\theta_2} = |\dot{F}_1||\dot{F}_2|e^{j(\theta_1+\theta_2)} \tag{6-2}$$

一般有：
$$|\dot{F}_1\dot{F}_2| = |\dot{F}_1||\dot{F}_2|, \arg(\dot{F}_1\dot{F}_2) = \arg(\dot{F}_1) + \arg(\dot{F}_2)$$
即复数乘积的模等于各复数模的乘积，其辐角等于各复数辐角的和。

复数相除的运算为：

$$\frac{\dot{F}_1}{\dot{F}_2} = \frac{|\dot{F}_1|\angle\theta_1}{|\dot{F}_2|\angle\theta_2} = \frac{|\dot{F}_1|}{|\dot{F}_2|}\angle(\theta_1 - \theta_2) \tag{6-3}$$

所以：
$$\left|\frac{\dot{F}_1}{\dot{F}_2}\right| = \frac{|\dot{F}_1|}{|\dot{F}_2|}, \quad \arg\left(\frac{\dot{F}_1}{\dot{F}_2}\right) = \arg(\dot{F}_1) - \arg(\dot{F}_2)$$

如果用代数形式有：

$$\frac{\dot{F}_1}{\dot{F}_2} = \frac{a_1 + jb_1}{a_2 + jb_2} = \frac{(a_1 + jb_1)(a_2 - jb_2)}{(a_2 + jb_2)(a_2 - jb_2)} = \frac{a_1a_2 + b_1b_2}{(a_2)^2 + (b_2)^2} + j\frac{a_2b_1 - a_1b_2}{(a_2)^2 + (b_2)^2}$$

式中，$a_2 - jb_2$ 为 $\dot{F}_2$ 的共轭复数，$\dot{F}$ 的共轭复数表示为 $\dot{F}^{*}$。$\dot{F}_2\dot{F}_2^{*}$ 的结果为实数，称为有理化运算。

复数 $e^{j\theta} = 1\angle\theta$ 表示其模为1，辐角为 θ。任意复数 $\dot{A} = |\dot{A}|e^{j\theta_a}$ 乘以 $e^{j\theta}$ 相当于把复数 $\dot{A}$ 逆时针旋转一个角度 θ，而 $\dot{A}$ 的模值不变，所以称 $e^{j\theta}$ 称为旋转因子。

6.1.2　复数的直角坐标和极坐标表示

运用复数计算正弦交流电路时，常常需要进行直角坐标形式和极坐标形式之间的相互转换。

【例6-1】　化下列复数为直角坐标形式：

（1）　$\dot{A} = 9.5\angle73°$　　　　（2）　$\dot{A} = 10\angle90°$

解：（1）　$\dot{A} = 9.5\angle73° = 9.5\cos73° + j9.5\sin73° = 2.78 + j9.08$

（2）　$\dot{A} = 10\angle90° = 10\cos90° + j10\sin90° = j10$

【例6-2】　已知 $\dot{A} = 6 + j8 = 10\angle53.1°$、$\dot{B} = -4.33 + j2.5 = 5\angle150°$，试计算 $\dot{A} + \dot{B}$，$\dot{A} - \dot{B}$，$\dot{A} \cdot \dot{B}$。

解：
$$\dot{A} + \dot{B} = 6 + j8 - 4.33 + j2.5 = 1.67 + j10.5$$
$$\dot{A} - \dot{B} = 6 + j8 + 4.33 - j2.5 = 10.33 + j5.5$$
$$\dot{A} \cdot \dot{B} = (10\angle53.1°)(5\angle150°) = 50\angle203.1° = 50\angle-156.9°$$

6.2　正　弦　量

6.2.1　正弦函数与正弦量

目前，世界上电力工程中所用的电压、电流几乎全部都采用正弦函数的形式。其中大多数问题都可以按正弦电流电路的问题来加以分析处理。另一方面，正弦函数是周期函数的一个重要的特例。电子技术中的非正弦的周期函数，都可以扩展成具有直流成分、基波成分和高次谐波（频率为基波的整数倍）成分正弦函数的无穷级数。这类问题也可以按正弦电流电路的方式来分析处理。

凡是按正弦或余弦规律随时间作周期变化的电压、电流称为正弦电压、电流，统称为正弦量（或正弦交流电）。正弦量可以用正弦函数表示，也可以用余弦函数表示。本书中用余弦函数表示正弦量。

下面仅以正弦电流为例说明。在图6-3中表示一段电路中的正弦电流 i，在图示参考方向下，其数学表达形式定义如下：

$$i(t) = I_m\cos(\omega t + \varphi) \tag{6-4}$$

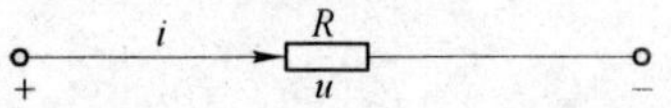

以电流 $i(t)$ 为例，说明正弦量的3个要素：式中的3个常数 I_m、ω 和 φ 是正弦量的3个要素。

图6-3　一段正弦电流

（1）I_m 称为正弦量的振幅。正弦量是一个等幅振荡的、正负交替变换的周期函数，振幅是正弦量在整个振荡过程中达到的最大值，即 $\cos(\omega t + \varphi) = 1$ 时的电流值，$i_{max} = I_m$，它是正弦量的极大值。当 $\cos(\omega t + \varphi) = -1$ 时，电流有最小值（也是极小值），$i_{min} = -I_m$，称 $i_{max} - i_{min} = 2I_m$ 为正弦量的峰峰值（I_{pp}）。

（2）ω 称为正弦电流 i 的角频率，从式（6-4）中可以看出，正弦量随时间变化的核心部分是（$\omega t + \varphi$），它反映了正弦量的变化进程，称为正弦量的相角或相位。ω 是相角随时间变化的速度，即：$\dfrac{d}{dt}(\omega t + \varphi) = \omega$，单位是 rad/s。它反映了正弦量变化快慢的要素，角频率与正弦量周期 T 和频率 f 有如下的关系：

$$\omega T = 2\pi, \quad \omega = 2\pi f, \quad f = \frac{1}{T}$$

频率的单位为 1/s，称为 Hz（赫兹，简称赫）。我国工业用电的频率为 50Hz。工程中还常以频率区分电路，如音频电路、高频电路等。

（3）φ 是正弦量在 $t = 0$ 时刻的相位，即 $(\omega t + \varphi)\big|_{t=0} = \varphi$，称为正弦量的初相位，简称初相。初相的单位用弧度或度表示，通常在主值范围内取值，即 $|\varphi| \leqslant 180°$。φ 的大小与计时起点的选择有关。

正弦量的三要素也是正弦量之间进行比较和区分的依据。

6.2.2 正弦量的有效值和相位差

正弦量随时间变化的图形或波形称为正弦波。正弦量乘以常数，正弦量的微分、积分，同频正弦量的代数和等运算，其结果仍为同一个频率的正弦量。正弦量的这个性质十分重要。

工程中常将周期电流或电压在一个周期内产生的平均效应换算为在效应上与之相等的直流量，以衡量和比较周期电流和电压的效应，这一直流量就称为周期量的有效值，用相对应的大写字母表示。可通过比较电阻的热效应获得周期电流 i 和其有效值 I 之间的关系，有效值 I 定义如下：

$$I = \sqrt{\frac{1}{T}\int_0^T i^2 dt} \tag{6-5}$$

式中，T 为周期。从式（6-5）可以看出，周期量的有效值等于它的瞬时值平方在一个周期内积分的平均值取平方根，因此有效值又称为方均根值。

当周期电流为正弦量时，将 $i = I_m\cos(\omega t + \varphi)$ 代入式（6-5）可得：

$$I = \sqrt{\frac{1}{T}\int_0^T I_m^2\cos^2(\omega t + \varphi)\,dt} = \sqrt{\frac{1}{T}I_m^2\int_0^T \cos^2(\omega t + \varphi)\,dt}$$

因为

$$\int_0^T \cos^2(\omega t + \varphi)\,dt = \int_0^T \frac{1 + \cos(\omega t + \varphi)}{2}\,dt = \frac{T}{2}$$

所以

$$I = \sqrt{\frac{1}{T}I_m^2 \frac{T}{2}} = \frac{I_m}{\sqrt{2}} = 0.717I_m \tag{6-6}$$

或

$$I_m = \sqrt{2}I$$

所以正弦量的最大值和有效值之间有固定的 $\sqrt{2}$ 倍关系,因此有效值可以代替最大值作为正弦量的一个要素。正弦量的有效值与角频率和初相无关。引入有效值的概念以后,可以把正弦量的数学表达式写成如下的形式,如电流 $i = \sqrt{2}I\cos(\omega t + \varphi)$,其中 I、ω 和 φ 也可以用来表示正弦量的三要素。交流电压表、电流表上标出的数字都是有效值。

在正弦电流电路的分析中,经常要比较同频率的正弦量的相位差。设任意两个同频率的正弦量,例如一个是正弦电压,另一个是正弦电流,即:

$$u = U_m\cos(\omega t + \varphi_1)$$

$$i = I_m\cos(\omega t + \varphi_2)$$

它们之间的相角或相位之差称为相位差,用 φ 表示(见图 6-4),即:

$$\varphi = (\omega t + \varphi_1) - (\omega t + \varphi_2) = \varphi_1 - \varphi_2$$

可见,对于两个同频率的正弦量来说,相位差在任何瞬时都是一个常数,即等于它们的初相之差,而与时间无关。相位差是区分两个同频率正弦量的重要标志之一。φ 也采取主值范围的角度或弧度来表示。电路常用"超前"和"滞后"二词来说明两个同频正弦量相位比较的结果。

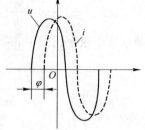

图 6-4　u 超前 i 一个角度 φ

如果 $\varphi = \varphi_1 - \varphi_2 > 0$,我们说电压 u 的相角超前于电流 i 的相角一个角度 φ,有时简称电压 u 的相角超前于电流 i,意思说电压 u 比电流 i 先达到正的最大值。反过来也可以说电流 i 滞后于电压 u 一个角度 φ,如图 6-4 所示。

(1)如果 $\varphi = \varphi_1 - \varphi_2 < 0$,结论刚好与上述情况相反。

(2)如果 $\varphi = \varphi_1 - \varphi_2 = 0$,即相位差为零,即称为同相位(简称同向),这时,两个正弦量同时达到正的最大值,或同时通过零点。

(3)如果 $\varphi = \varphi_1 - \varphi_2 = \dfrac{\pi}{2}$,则称为相位正交。

(4)如果 $\varphi = \varphi_1 - \varphi_2 = \pi$(180°),则称为相位反相。

不同频率的两个正弦量之间的相位差不再是一个常数,而是随着时间变动。今后谈到相位差都是同频率正弦量之间的相位差。

应当注意,当两个同频率正弦量的计时起点改变时,它们的初相也跟着改变,但两者的相位差仍保持不变。即相位差与计时起点的选择无关。

由于正弦量和初相与设定的参考方向有关,当改设某一正弦量的参考方向时,则该正弦量的初相将改变 π,它与其他正弦量的相位差也将改变 π。

6.3　相量法基础

6.3.1　相量

相量法的理论基础是复数理论中的欧拉恒等式。基于此,可以用复数表示正弦波。欧拉恒等式为:

$$e^{j\theta} = \cos\theta + j\sin\theta \tag{6-7}$$

式中，θ 为一实数，单位为 rad。可以将此公式推广到 θ 为 t 的实函数的情况，如令：

$$\theta = \omega t$$

式中，ω 为常量，单位为 rad/s。由此可以得到：

$$e^{j\omega t} = \cos\omega t + j\sin\omega t$$

该式建立了复指数函数和两个实正弦函数之间的联系，从而可用复数来表示正弦时间函数。由上式可得：

$$\cos\omega t = \mathrm{Re}\left[e^{j\omega t}\right], \quad \sin\omega t = \mathrm{Im}\left[e^{j\omega t}\right]$$

设正弦电压为：
$$u(t) = U_{\mathrm{m}}\cos(\omega t + \theta)$$

根据欧拉公式，上式可以写成：

$$u(t) = \mathrm{Re}\left[U_{\mathrm{m}}e^{j(\omega t + \theta)}\right] = \mathrm{Re}\left[U_{\mathrm{m}}e^{j\theta}e^{j\omega t}\right]$$

$$= \mathrm{Re}\left[\dot{U}_{\mathrm{m}}e^{j\omega t}\right] = \mathrm{Re}\left[\dot{U}_{\mathrm{m}}\angle\omega t\right] \tag{6-8}$$

式中，$\dot{U}_{\mathrm{m}} = U_{\mathrm{m}}e^{j\theta} = U_{\mathrm{m}}\angle\theta$ 是一个与时间无关的复常数，辐角为该正弦电压的初相。复值 $\dot{U}_{\mathrm{m}}$ 包含了该正弦电压的振幅和初相这两个重要要素。给定角频率 ω，由它就可以完全确定一个正弦电压。换言之，复常数 $\dot{U}_{\mathrm{m}}$ 足以表征正弦电压。像这样一个能够表征正弦时间函数的复值函数，人们给她以一个特殊的名称——相量。$\dot{U}_{\mathrm{m}}$ 称为电压的振幅相量，同样，也有电流振幅相量，记为 $\dot{I}_{\mathrm{m}}$。为了方便，也将振幅相量称为相量。相量是一个复数，但它表示的是一个正弦波，在字母上方加一点以示区别于一般复数。

正弦量也可以用有效值来表示。以正弦电压为例：

$$u(t) = \sqrt{2}U\cos(\omega t + \theta) = \mathrm{Re}\left[\sqrt{2}\,\dot{U}\,e^{j\omega t}\right] \tag{6-9}$$

式中，$\dot{U} = Ue^{j\theta} = U\angle\theta$ 称为电压的有效值相量。它与振幅相量之间有着固定的关系：

$$\dot{U} = \frac{1}{\sqrt{2}}\dot{U}_{\mathrm{m}}, \quad \dot{U}_{\mathrm{m}} = \sqrt{2}\,\dot{U}$$

电流也可以用同样的方式来表示。在本章节中均使用有效值相量。

相量是一个复数，它在复平面上的图形称为相量图，如图 6-5 所示。上述与相量相对应的复指数函数在复平面上可以用旋转相量来表示。

相量与 $e^{j\omega t}$ 的乘积是时间 t 的复值函数，在复平面上可以用恒定角速度 ω 逆时针方向旋转的相量来表示。

正弦量乘以常数，正弦量的微分、积分及同频正弦量的代数和，结果仍是一个同频正弦量。在相量法中，应将这些运算转换为相对应的相量运算。

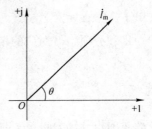

图 6-5 正弦量的相量图

6.3.2 同频正弦量的相量运算

6.3.2.1 同频正弦量的加（减）法

设有两个正弦量：$i_1 = \sqrt{2}I_1\cos(\omega t + \theta_1)$

$$i_2 = \sqrt{2}I_2\cos(\omega t + \theta_2)$$

其和为：$i = i_1 + i_2 = \mathrm{Re}[\sqrt{2}\dot{I}_1 \mathrm{e}^{\mathrm{j}\omega t}] + \mathrm{Re}[\sqrt{2}\dot{I}_2 \mathrm{e}^{\mathrm{j}\omega t}] = \mathrm{Re}[\sqrt{2}(\dot{I}_1 + \dot{I}_2)\mathrm{e}^{\mathrm{j}\omega t}]$

亦为正弦量。若上式对于任何时间 t 都成立，则有：

$$\dot{I} = \dot{I}_1 + \dot{I}_2$$

由此也可以推得：

$$\dot{I}_1 + \dot{I}_2 + \cdots = \dot{I}_1 + \dot{I}_2 + \cdots \qquad (6-10)$$

6.3.2.2 正弦量的微分

设正弦电流 $i = \sqrt{2}I\cos(\omega t + \theta)$，对 i 求导，有：$\dfrac{\mathrm{d}i}{\mathrm{d}t} = \dfrac{\mathrm{d}}{\mathrm{d}t}\mathrm{Re}[\sqrt{2}\dot{I}\mathrm{e}^{\mathrm{j}\omega t}] = \mathrm{Re}[\dfrac{\mathrm{d}}{\mathrm{d}t}(\sqrt{2}\dot{I}\mathrm{e}^{\mathrm{j}\omega t})]$

上述关系表明：复指数函数实部的导数等于复指数函数导数的实部。其结果为：

$$\frac{\mathrm{d}i}{\mathrm{d}t} = \mathrm{Re}[\sqrt{2}(\mathrm{j}\omega\dot{I})\mathrm{e}^{\mathrm{j}\omega t}]$$

由上式可见，$\dfrac{\mathrm{d}i}{\mathrm{d}t}$ 对应的相量为 $\mathrm{j}\omega\dot{I}$，由此有如下对应关系：

$$\frac{\mathrm{d}i}{\mathrm{d}t} \Leftrightarrow \mathrm{j}\omega\dot{I} \qquad (6-11)$$

因而，也可以推得对于 i 的高阶导数 $\mathrm{d}^n i/\mathrm{d}t^n$ 其相量为：

$$(\mathrm{j}\omega)^n \dot{I}$$

6.3.2.3 正弦量的积分

设 $i = \sqrt{2}I\cos(\omega t + \theta)$，其积分为：

$$\int i\mathrm{d}t = \int\mathrm{Re}[\sqrt{2}\dot{I}\mathrm{e}^{\mathrm{j}\omega t}]\mathrm{d}t = \mathrm{Re}[\int\sqrt{2}(\dot{I}\mathrm{e}^{\mathrm{j}\omega t})\mathrm{d}t]$$

$$= \mathrm{Re}[\sqrt{2}\left(\frac{\dot{I}}{\mathrm{j}\omega}\right)\mathrm{e}^{\mathrm{j}\omega t}]$$

即积分项 $\int i\mathrm{d}t$ 对应的相量为 $\dfrac{\dot{I}}{\mathrm{j}\omega}$，其对应关系为：

$$\int i\mathrm{d}t \Leftrightarrow \frac{\dot{I}}{\mathrm{j}\omega} \qquad (6-12)$$

正弦量的积分仍为同频率的正弦量，其相量的模值为 $\sqrt{2}\dfrac{I}{\omega}$，其辐角滞后 $\dfrac{\pi}{2}$。电流 i 的 n 重积分的相量为：$\dfrac{\dot{I}}{(\mathrm{j}\omega)^n}$。

【例 6-3】 设有两个同频率的正弦电压分别为：$u_1 = \sqrt{2}220\cos(\omega t)\,\mathrm{V}$，$u_2 = \sqrt{2}220\cos(\omega t - 120°)\,\mathrm{V}$，求 $u_1 + u_2$ 和 $u_1 - u_2$。

解：两个同频正弦电压所对应相量分别为：

$$\dot{U}_1 = 220 \angle 0°, \quad \dot{U}_2 = 220 \angle -120°$$

u_1、u_2 的和与差为：

$$u_1 \pm u_2 = \mathrm{Re}\left[\sqrt{2}\,\dot{U}_1 \mathrm{e}^{\mathrm{j}\omega t}\right] \pm \mathrm{Re}\left[\sqrt{2}\,\dot{U}_2 \mathrm{e}^{\mathrm{j}\omega t}\right] = \mathrm{Re}\left[\sqrt{2}\,(\dot{U}_1 \pm \dot{U}_2)\mathrm{e}^{\mathrm{j}\omega t}\right]$$

相量 $\dot{U}_1$、$\dot{U}_2$ 的和与差的运算是复数的加减运算。可以求得：

$$\dot{U}_1 + \dot{U}_2 = 220 \angle 0° + 220 \angle -120° = 220 + \mathrm{j}0 - 110 - \mathrm{j}190.5 = 110 - \mathrm{j}190.5 = 220 \angle -60°$$

$$\dot{U}_1 - \dot{U}_2 = 220 \angle 0° - 220 \angle -120° = 220 + \mathrm{j}0 + 110 + \mathrm{j}190.5 = 330 + \mathrm{j}190.5 = 381 \angle 30°$$

根据以上相量运算结果可以写出：

$$u_1 + u_2 = \sqrt{2}\,220\cos(\omega t - 60°)\,\mathrm{V}$$

$$u_1 - u_2 = \sqrt{2}\,381\cos(\omega t - 60°)\,\mathrm{V}$$

【例 6 - 4】 流过 0.5F 电容的电流为 $i(t) = \sqrt{2}\cos(100t - 30°)\,\mathrm{A}$，试求流过电容的电压 $u(t)$。

解：写出已知正弦量 $i(t)$ 的相量为：

$$\dot{I} = 1 \angle 30°\,\mathrm{A}$$

利用相量关系式运算：

$$u(t) = \frac{\int i(t)\,\mathrm{d}t}{C}$$

可得：

$$\dot{U} = \frac{\dot{I}}{\mathrm{j}\omega C} = -\mathrm{j}\frac{\dot{I}}{\omega C} = -\mathrm{j}\frac{\angle 30°}{100 \times 0.5} = 0.02 \angle 120°\,\mathrm{V}$$

6.4 电路定律的相量形式

6.4.1 基尔霍夫定律的相量形式

正弦电流电路中的各支路电流和支路电压都是同频正弦量。因此描述电路形状的微积分方程可以用相量法转换为代数方程来求解。本节将给出电路基本定律的相量形式，这样，就可以直接用相量法得出电路相量形式的方程。

基尔霍夫定律的时域形式为：

KCL： $\qquad\qquad\qquad \sum i = 0$

KVL： $\qquad\qquad\qquad \sum u = 0$

由于正弦电流电路中的电压、电流全部都是同频正弦量，根据上节所论述的相量运算，很容易推导出基尔霍夫定律的相量形式为：

KCL： $\qquad\qquad\qquad \sum \dot{I} = 0$

KVL： $\qquad\qquad\qquad \sum \dot{U} = 0$

可见，在正弦电路中，基尔霍夫定律可以直接用电流相量和电压相量写出。

【例 6-5】 图 6-6 所示为电路中的一个节点 A，已知：

$$i_1(t) = 10\sqrt{2}\cos(\omega t + 60°)\,A$$

$$i_2(t) = 5\sqrt{2}\cos(\omega t - 90°)\,A$$

试求 $i_3(t)$。

解： 将电流写成相量形式为：

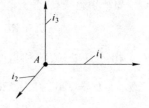

$$\dot{I}_1 = 10\angle 60°\,A, \quad \dot{I}_2 = 5\angle -90°\,A$$

根据 KCL 方程的相量形式 $\sum \dot{I} = 0$，所以：

图 6-6　例 6-5 的图

$$\dot{I}_1 + \dot{I}_2 - \dot{I}_3 = 0$$

$$\dot{I}_3 = \dot{I}_1 + \dot{I}_2 = 10\angle 60° + 5\angle -90° = 5 + j8.66 - j5$$
$$= 5 + j3.66 = 6.2\angle 36.2°\,A$$

将 $\dot{I}_3$ 写成对应的正弦量，即：

$$i_3(t) = 6.2\sqrt{2}\cos(\omega t + 36.2°)\,A$$

6.4.2　基本元件 VAR 的相量形式

设二端元件的端电压 u 和电流 i（u 和 i 取关联参考方向）分别为：

$$\begin{cases} u(t) = \sqrt{2}U\cos(\omega t + \theta) = \mathrm{Re}[\sqrt{2}\,\dot{U}\,\mathrm{e}^{j\omega t}] \\ i(t) = \sqrt{2}I\cos(\omega t + \varphi) = \mathrm{Re}[\sqrt{2}\,\dot{I}\,\mathrm{e}^{j\omega t}] \end{cases}$$

式中，$\dot{U} = U\mathrm{e}^{j\theta}$、$\dot{I} = I\mathrm{e}^{j\varphi}$，分别是电压、电流的有效值相量。

这些元件的电压、电流关系，在正弦稳态时都是同频正弦量的关系，涉及的有关运算都可以用相量来运算，从而这些关系的时域形式都可以转换为相量的形式。现分述如下：

6.4.2.1　电阻元件

对于图 6-7 所示的电阻 R，当有电流 i 通过时，电阻两端的电压 u 为：

$$u = Ri$$

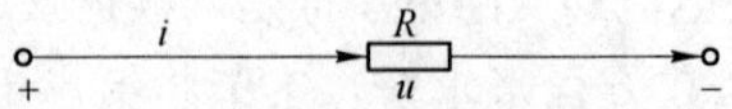

图 6-7　电阻中的电流

正弦激励时，有：　　　　$\sqrt{2}U\cos(\omega t + \theta) = R\sqrt{2}I\cos(\omega t + \varphi)$

由以上推导可知：

$$\mathrm{Re}[\sqrt{2}\,\dot{U}\,\mathrm{e}^{j\omega t}] = \mathrm{Re}[\sqrt{2}R\dot{I}\mathrm{e}^{j\omega t}]$$

即可得：　　　　　　　　　　　$\dot{U} = R\dot{I}$

该式可以分解为：

$$\begin{cases} U = RI \\ \varphi = \theta \end{cases}$$

由以上推导可知，电阻上的电压和电流为同频正弦量，电阻端电压有效值等于电阻与电流有效值的乘积，而且电压与电流同相。

6.4.2.2　电感元件

当正弦电流通过电感时，电感两端将出现正弦电压，如图 6-8 所示。若正弦电流、电压为：

$$i_L = \sqrt{2}I\cos(\omega t + \varphi)$$

$$u_L = \sqrt{2}U\cos(\omega t + \theta)$$

当有电流 i_L 通过图 6-8 所示的电感时，有：

$$u_L = L\frac{\mathrm{d}i_L}{\mathrm{d}t}$$

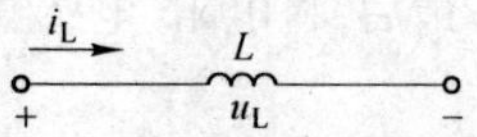

当正弦激励时，有：

图 6-8　电感中的正弦电流

$$u_L = \sqrt{2}U\cos(\omega t + \theta) = L\frac{\mathrm{d}}{\mathrm{d}t}\left[\sqrt{2}I\cos(\omega t + \varphi)\right] = \sqrt{2}\omega LI\cos\left(\omega t + \varphi + \frac{\pi}{2}\right)$$

上式也可以写为：

$$\mathrm{Re}\left[\sqrt{2}\,\dot{U}\,\mathrm{e}^{\mathrm{j}\omega t}\right] = L\frac{\mathrm{d}}{\mathrm{d}t}\mathrm{Re}\left[\sqrt{2}\,\dot{I}\,\mathrm{e}^{\mathrm{j}\omega t}\right] = \mathrm{Re}\left[\sqrt{2}\mathrm{j}\omega L\dot{I}\mathrm{e}^{\mathrm{j}\omega t}\right]$$

其相量形式为：

$$\dot{U} = \mathrm{j}\omega L\dot{I} \tag{6-13}$$

该式即为电感元件伏安关系的相量形式。

考虑到 $\dot{U} = U\mathrm{e}^{\mathrm{j}\theta}$、$\dot{I} = I\mathrm{e}^{\mathrm{j}\varphi}$，式（6-13）可以写为：

$$U\mathrm{e}^{\mathrm{j}\theta} = \mathrm{j}\omega LI\mathrm{e}^{\mathrm{j}\varphi}$$

即有：

$$\begin{cases} U = \omega LI \\ \theta = \varphi + \dfrac{\pi}{2} \end{cases}$$

该式表明，电感电压的有效值等于 ωL 和电流有效值的乘积，而且电流落后于电压 $\dfrac{\pi}{2}$。

6.4.2.3　电容元件

当正弦电压加于电容两端时，电容电路中将出现正弦电流，如图 6-9 所示。设正弦电压 u_C、电流 i_C 为：

$$u_C = \sqrt{2}U\cos(\omega t + \theta)，i_C = \sqrt{2}I\cos(\omega t + \varphi)$$

它们时域的关系为：　$i_C = C\dfrac{\mathrm{d}u_C}{\mathrm{d}t}$

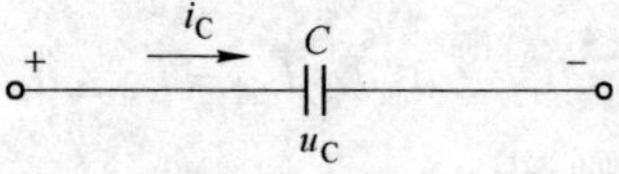

即：　$\sqrt{2}I\cos(\omega t + \varphi) = \sqrt{2}\omega CU\cos\left(\omega t + \theta + \dfrac{\pi}{2}\right)$

根据实部的运算规则，上式又可以写为：

图 6-9　电容中的正弦电流

$$\mathrm{Re}\left[\sqrt{2}\,\dot{I}\,\mathrm{e}^{\mathrm{j}\omega t}\right] = C\frac{\mathrm{d}}{\mathrm{d}t}\mathrm{Re}\left[\sqrt{2}\,\dot{U}\,\mathrm{e}^{\mathrm{j}\omega t}\right] = \mathrm{Re}\left[\sqrt{2}\mathrm{j}\omega C\,\dot{U}\,\mathrm{e}^{\mathrm{j}\omega t}\right]$$

相应的相量形式为：　　　　　　$\dot{I} = \mathrm{j}\omega C\dot{U}$ 　　　　　　　　　（6-14）

该式即为电容元件伏安关系的相量形式。

考虑到 $\dot{U} = U\mathrm{e}^{\mathrm{j}\theta}$、$\dot{I} = I\mathrm{e}^{\mathrm{j}\varphi}$，式$(6-14)$可以写为：$I\mathrm{e}^{\mathrm{j}\varphi} = \mathrm{j}\omega C U\mathrm{e}^{\mathrm{j}\theta}$

即有：
$$\begin{cases} U = \dfrac{1}{\omega C}I \\[2mm] \theta = \varphi - \dfrac{\pi}{2} \end{cases} \qquad\qquad (6-15)$$

该式表明，电容电压的有效值等于 $\dfrac{1}{\omega C}$ 和电流有效值的乘积，而且电流超前于电压 $\dfrac{\pi}{2}$。

最后，将电阻、电感、电容伏安关系的相量形式归纳为表$6-1$。

表 $6-1$　电阻、电感、电容伏安关系的相量形式

相 量 模 型	伏安关系		相量图
$\xrightarrow{\ i\ }$ R u_R	$\dot{U} = R\dot{I}$	$G = \dfrac{1}{R}$ $G = \dfrac{1}{R}$	$\dot{I} \longrightarrow \dot{U}$
$\xrightarrow{\ i_L\ }$ L u_L	$\dot{U} = \mathrm{j}\omega L\dot{I}$	$\dot{I} = \dfrac{1}{\mathrm{j}\omega L}\dot{U}$	$\dot{I}\downarrow$ $\dot{U}\rightarrow$
$\xrightarrow{\ i\ }$ C u_C	$\dot{U} = \dfrac{1}{\mathrm{j}\omega C}\dot{I}$	$\dot{I} = \mathrm{j}\omega C\dot{U}$	$\dot{U}\downarrow$ $\dot{I}\rightarrow$

根据上述 KCL 和 KVL 的相量形式和电阻、电感、电容等元件 VCR 的相量形式，不难看出其在形式上与描述电阻电路的有关关系式完全相似。

【例 $6-6$】　电路如图 $6-10$ 所示，试用相量法求该电路微分方程 u_C 的解。已知：$i_s(t) = 2\cos\left(3t + \dfrac{\pi}{4}\right)\mathrm{A}, R = 1\Omega, C = 2\mathrm{F}$。

解：电路的微分方程为：
$$C\dfrac{\mathrm{d}u_C}{\mathrm{d}t} + \dfrac{1}{R}u_C = I_{sm}\cos(\omega t + \theta_i)$$

设特解为：
$$u_C = U_{Cm}\cos(\omega t + \theta_u)$$

特解及正弦激励同为同频率的正弦波，分别以相量

$\dot{U}_{Cm} = U_{Cm}\angle\theta_u$ 及 $\dot{I}_{sm} = I_{sm}\angle\theta_i$ 代表。根据前文所描述的法则，得：

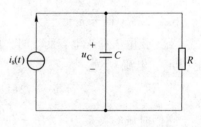

图 $6-10$　例 $6-6$ 的图

$$(\mathrm{j}\omega)C\dot{U}_{Cm} + \dfrac{1}{R}\dot{U}_{Cm} = \dot{I}_{sm}$$

即：
$$\dot{U}_{Cm} = \dfrac{\dot{I}_{sm}}{\dfrac{1}{R} + \mathrm{j}\omega C}$$

得：

$$U_{Cm} \angle \theta_u = \dfrac{I_{sm} \angle \theta_i}{\sqrt{\left(\dfrac{1}{R}\right)^2 + (\omega C)^2} \angle \arctan \omega CR}$$

于是有：

$$U_{Cm} = \dfrac{I_{sm}}{\sqrt{\left(\dfrac{1}{R}\right)^2 + (\omega C)^2}}$$

$$\theta_u = \angle \theta_i - \angle \arctan \omega CR$$

代入数据可得：

$$U_{Cm} = \dfrac{1}{\sqrt{1^2 + 6^2}} = \dfrac{2}{\sqrt{37}} = 0.329$$

$$\theta_u = \theta_i - \arctan 6 = 45° - 80.5° = -35.5°$$

故得：

$$u_C = 0.329\cos(3t - 35.5°)\,\text{V}$$

本题采用振幅相量。

【例 6 - 7】　电路如图 6 - 11 所示，$i_s(t) = \sqrt{2}5\cos 10^3 t\,\text{A}$，$R = 3\Omega$，$L = 1\text{H}$，$C = 1\mu\text{F}$，求电压 u_R、u_C、u_L。

解：设电路的电流相量为参考相量，即令 $\dot{I} = 5 \angle 0°\text{A}$。根据元件的 VCR 有：

$$\dot{U}_R = R\dot{I} = 15 \angle 0°\,\text{V}$$

$$\dot{U}_L = j\omega L\dot{I} = 5000 \angle 90°$$

$$\dot{U}_C = -j\dfrac{1}{\omega C}\dot{I} = 5000 \angle -90°$$

$$u_R = \sqrt{2}15\cos 10^3 t$$

$$u_L = \sqrt{2}5000\cos(10^3 t + 90°)$$

$$u_C = \sqrt{2}5000\cos(10^3 t - 90°)$$

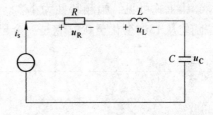

图 6 - 11　例 6 - 7 的图

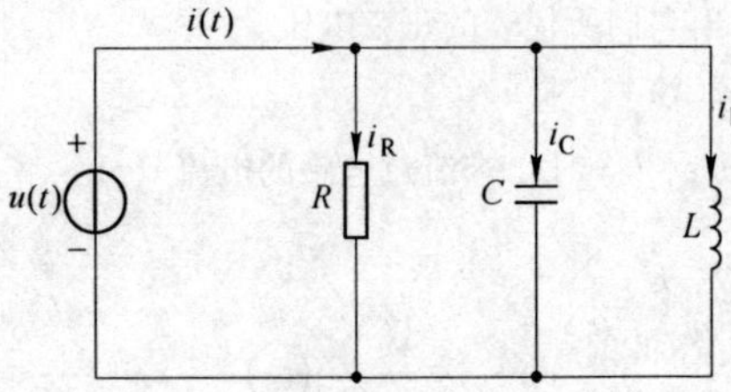

【例 6 - 8】　电路如图 6 - 12 所示，已知 $u(t) = 120\sqrt{2}\cos(1000t + 90°)\,\text{V}$，$R = 15\Omega$，$L = 30\text{mH}$，$C = 83.3\mu\text{F}$，求 $i(t)$。

解：用相量关系求解该问题：

$$\dot{U} = 120 \angle 90°$$

对电阻元件：

$$\dot{I}_R = \dfrac{\dot{U}}{R} = \dfrac{120 \angle 90°}{15} = 8 \angle 90° = j8\text{A}$$

图 6 - 12　例 6 - 8 的图

对于电容元件：

$$\dot{I}_C = j\omega C\dot{U} = 1000 \times 83.3 \times 10^{-6} \times 120 \angle (90 + 90)° = 10 \angle 180° = -10\text{A}$$

对于电感元件：

$$\dot{I}_L = \frac{\dot{U}}{j\omega L} = \frac{120\angle 90°}{1000\times 30\times 10^{-3}\angle 90°} = 4\angle 0°\text{A}$$

由 KCL：　　　　$\dot{I} = \dot{I}_R + \dot{I}_C + \dot{I}_L = j8 - 10 + 4 = -6 + j8 = 10\angle 127°\text{A}$

最后得出：　　　　$i(t) = 10\sqrt{2}\cos(1000t + 127°)\text{A}$

6.5　应　用　实　例

移相器电路在测试、控制系统中应用广泛。图 6-13 给出了一种移相器电路，其输出的相位在 0°～180°之间可调，而输出幅度保持不变。

利用分压公式和 KVL，有：

$$\dot{U}_0 = \frac{R_1}{R_1 + \frac{1}{j\omega C}}\dot{U}_s - \frac{R}{R + R}\dot{U}_s$$

$$= \left(\frac{j\omega C R_1}{j\omega C R_1 + 1} - \frac{1}{2}\right)\dot{U}_s = \frac{-1 + j\omega C R_1}{2(j\omega C R_1 + 1)}\dot{U}_s$$

$$\frac{\dot{U}_0}{\dot{U}_s} = \frac{-1 + j\omega C R_1}{2(j\omega C R_1 + 1)} = \frac{1}{2}\angle(180° - 2\arctan\omega C R_1)$$

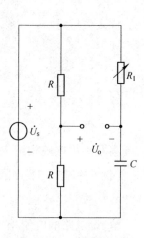

图 6-13　移相器电路

由上式可见，幅频特性为 1/2；当 R_1 由 0 变化至 ∞ 时，相位随之从 180°变化至 0°。它是一个超前相移电路。

习　　题

6-1　已知：$i_1(t) = 5\cos(314t + 60°)\text{A}$，$i_2(t) = -10\sin(314t + 60°)\text{A}$，$i_3(t) = -4\cos(314t + 60°)\text{A}$。试写出代表这 3 个正弦电流的相量，并绘出相量图。

6-2　已知 $\dot{U}_1 = 50\angle -30°\text{V}$，$\dot{U}_2 = 220\angle 150°\text{V}$，$f = 50\text{Hz}$，试写出它们所代表的正弦电压。

6-3　已知某电路的 $u_{ab} = -10\cos(\omega t + 60°)\text{V}$，$u_{bc} = 8\sin(\omega t + 120°)\text{V}$，求 u_{ac}。

6-4　电感两端的电压为 $u(t) = 8\sqrt{2}\cos(\omega t - 50°)\text{V}$，$\omega = 100\text{rad/s}$，$L = 4\text{H}$，求流过电感的电流 $i(t)$。

6-5　若已知两个同频正弦电压的相量分别为 $\dot{U}_1 = 50\angle 30°\text{V}$，$\dot{U}_2 = -100\angle -150°\text{V}$，其频率为 $f = 100\text{Hz}$。求：（1）写出 u_1、u_2 的时域形式；（2）u_1、u_2 的相位差。

6-6　已知如图 6-14 所示的 3 个电压源的电压分别为：

$$u_a = 220\sqrt{2}\cos(\omega t + 10°)\text{V}$$

$$u_b = 220\sqrt{2}\cos(\omega t - 110°)\text{V}$$

$$u_c = 220\sqrt{2}\cos(\omega t + 130°)\text{V}$$

求：（1）3 个电压的和；

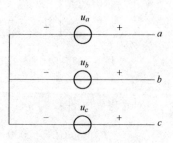

图 6-14　习题 6-6 的图

（2）u_{ab}，u_{bc}；

（3）画出它们的相量图。

6-7　如图 6-15 所示的正弦稳态电路中，电流表 A_1、A_2 的指示均为有效值，A_1 的读数为 10A，A_2 的读数为 10A，求电流表 A 的读数。

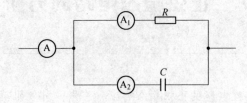

图 6-15　习题 6-7 的图

6-8　某一元件的电压、电流（关联方向）分别为下述这 3 种情况时，它可能是什么元件？

（1）$\begin{cases} u = 10\cos(10t + 45°)\,\text{V} \\ i = 2\sin(10t + 135°)\,\text{A} \end{cases}$

（2）$\begin{cases} u = 10\sin(100t)\,\text{V} \\ i = 2\cos(100t)\,\text{A} \end{cases}$

（3）$\begin{cases} u = 10\cos(314t + 45°)\,\text{V} \\ i = 2\sin(314t)\,\text{A} \end{cases}$

6-9　电路由电压源 $u_s = 100\cos 10^3 t\,\text{V}$ 及电阻 R 和电感 $L = 0.025\text{H}$ 串联组成，电感端电压的有效值为 25V。求 R 值和电流的表达式。

7　正弦稳态电路的分析

本章导读

　　本章用相量法分析线性电路的正弦稳态响应。首先，引入阻抗、导纳的概念和电路的相量图。其次，将通过实例介绍电路方程的相量形式和线性电路定理的相量描述和应用，介绍正弦电流电路的瞬时功率、平均功率、无功功率、视在功率和复功率及最大功率的传输问题。最后介绍电路的谐振现象。

7.1　阻抗和导纳

7.1.1　阻抗

　　如图 7-1a 所示，由线性元件（如电阻、电感、电容）组成的不包含独立源的一端口 N_0。当它在角频率为 ω 的正弦电压（或正弦电流）激励下处于稳定状态时，端口的电流（或电压）将是同频率的正弦量。应用相量法，端口的电压相量 $\dot{U}$ 与电流相量 $\dot{I}$ 的比值定义为该一端口的阻抗 Z，即：

$$Z = \frac{\dot{U}}{\dot{I}} = \frac{U}{I} \angle \phi_u - \phi_i = |Z| \angle \varphi_Z \qquad (7-1)$$

式中，$\dot{U} = U \angle \phi_u$；$\dot{I} = I \angle \phi_i$；$Z$ 又称为复阻抗，Z 的模值 $|Z|$ 称为阻抗模，它的辐角 φ_Z 称为阻抗角。

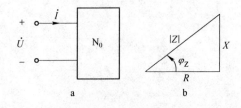

图 7-1　一端口的阻抗

　　由式（7-1）不难得出：

$$|Z| = \frac{U}{I}, \quad \varphi_Z = \phi_u - \phi_i \qquad (7-2)$$

　　式（7-2）表明，阻抗模 $|Z|$ 为电压和电流有效值（或振幅）之比，阻抗角 φ_Z 为电压和电流的相位差。阻抗 Z 的代数形式可写为：

$$Z = R + jX \qquad\qquad (7-3)$$

其实部 $\mathrm{Re}[Z] = |Z|\cos\varphi_Z(=R)$ 称为电阻，虚部 $\mathrm{Im}[Z] = |Z|\sin\varphi_Z(=X)$ 称为电抗。

如果一端口 N_0 内部仅含单个元件 R、L 或 C，则对应的阻抗分别为：

$$Z_R = R$$

$$Z_L = j\omega L$$

$$Z_C = -j\frac{1}{\omega C}$$

所以电阻 R 的阻抗虚部为零，实部即为 R。电感 L 的阻抗实部为零，虚部为 ωL。Z_L 的"电抗"用 X_L 表示，$X_L = \omega L$，称为感性电抗，简称感抗。电容 C 的阻抗实部为零，虚部为 $-\frac{1}{\omega C}$。Z_C 的"电抗"用 X_C 表示，$X_C = -\frac{1}{\omega C}$，称为容性电抗，简称容抗。

如果 N_0 内部为 RLC 串联电路，则阻抗 Z 为：

$$Z = \frac{\dot{U}}{\dot{I}} = R + j\omega L + \frac{1}{j\omega C} = R + j\left(\omega L - \frac{1}{\omega C}\right) = R + jX = |Z|\angle\varphi_Z \qquad (7-4)$$

Z 的实部就是电阻 R，它的虚部 X 即电抗为：

$$X = X_L + X_C = \omega L - \frac{1}{\omega C} \qquad\qquad (7-5)$$

Z 的模值和辐角分别为：

$$|Z| = \sqrt{R^2 + X^2}, \quad \varphi_Z = \arctan\left(\frac{X}{R}\right)$$

而

$$R = |Z|\cos\varphi_Z, \quad X = |Z|\sin\varphi_Z \qquad\qquad (7-6)$$

当 $X > 0$，即 $\omega L > \frac{1}{\omega C}$ 时，称 Z 呈感性；当 $X < 0$，即 $\omega L < \frac{1}{\omega C}$ 时，称 Z 呈容性。

一般情况下，按式（7-1）定义的阻抗又称为一端口 N_0 的等效阻抗、输入阻抗或驱动点阻抗，它的实部和虚部都将是外施正弦激励角频率 ω 的函数，此时 Z 可写为：

$$Z(j\omega) = R(\omega) + jX(\omega) \qquad\qquad (7-7)$$

$Z(j\omega)$ 的实部 $R(\omega)$ 称为它的电阻分量，它的虚部 $X(\omega)$ 称为电抗分量。

按阻抗 Z 的代数形式，R、X 和 $|Z|$ 之间的关系可用一个直角三角形表示，见图 7-1b，这个三角形称为阻抗三角形。显然，阻抗具有与电阻相同的量纲。

7.1.2 导纳

（复数）阻抗 Z 的倒数定义为（复数）导纳，用 Y 表示：

$$Y = \frac{1}{Z} = \frac{\dot{I}}{\dot{U}} = \frac{I}{U}\angle\phi_i - \phi_u = |Y|\angle\varphi_Y \qquad (7-8)$$

Y 的模值 $|Y|$ 称为导纳模，它的辐角 φ_Y 称为导纳角，而：

$$|Y| = \frac{I}{U}, \quad \varphi_Y = \phi_i - \phi_u \qquad\qquad (7-9)$$

导纳 Y 的代数形式可写为：

$$Y = G + jB \qquad\qquad (7-10)$$

Y 的实部 $\mathrm{Re}[Y] = |Y|\cos\varphi_Y = G$ 称为电导，虚部 $\mathrm{Im}[Y] = |Y|\sin\varphi_Y = B$ 称为电纳。

对于单个元件 R、L、C，它们的导纳分别为：

$$Y_R = G = \frac{1}{R}$$

$$Y_L = \frac{1}{j\omega L} = -j\frac{1}{\omega L}$$

$$Y_C = j\omega C$$

电阻 R 的导纳的实部即为电导 G，虚部为零。电感 L 的导纳实部为零，虚部为 $-\dfrac{1}{\omega L}$，

即电纳 $B_L = -\dfrac{1}{\omega L}$。电容 C 的导纳实部为零，虚部为 ωC，即电纳 $B_C = \omega C$。B_L 有时称为感性电纳，简称感纳，B_C 有时称为容性电纳，简称容纳。

如果一端口 N_0 内部为 RLC 并联电路，如图 7 - 2 所示，则导纳为：

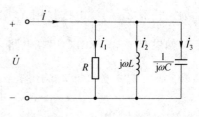

图 7 - 2　一端口导纳

$$Y = \frac{\dot{I}}{\dot{U}}$$

根据 KCL 有：

$$\dot{I}_1 = \frac{\dot{U}}{R}, \quad \dot{I}_2 = \frac{\dot{U}}{j\omega L}, \quad \dot{I}_3 = j\omega C\dot{U}$$

故：

$$Y = \frac{1}{R} + \frac{1}{j\omega L} + j\omega C = \frac{1}{R} + j\left(\omega C - \frac{1}{\omega L}\right) \tag{7 - 11}$$

Y 的实部就是电导 G，虚部 $B = \omega C - \dfrac{1}{\omega L} = B_C + B_L$。$Y$ 的模和导纳角分别为：

$$|Y| = \sqrt{G^2 + B^2}, \quad \varphi_Y = \arctan\left(\frac{\omega C - \dfrac{1}{\omega L}}{G}\right)$$

当 $B > 0$，即 $\omega C > \dfrac{1}{\omega L}$，称 Y 呈容性；当 $B < 0$，即 $\omega C < \dfrac{1}{\omega L}$，称 Y 呈感性。

一般情况下，按一端口定义的导纳又称为一端口 N_0 的等效导纳、输入导纳或驱动点导纳，它的实部和虚部都将是外施正弦激励的角频率 ω 的函数，此时 Y 可写为：

$$Y(j\omega) = G(\omega) + jB(\omega)$$

$Y(j\omega)$ 的实部 $G(\omega)$ 称为它的电导分量，它的虚部称为电纳分量。

阻抗和导纳可以等效互换，条件为：

$$Z(j\omega)Y(j\omega) = 1$$

即有：

$$|Z(j\omega)||Y(j\omega)| = 1, \varphi_Z + \varphi_Y = 0$$

7.2　阻抗（导纳）的串联和并联

阻抗的串联和并联电路的计算与电阻的串联和并联电路相似。n 个阻抗相串联，其等

效阻抗为这 n 个串联阻抗之和，即：

$$Z_{eq} = Z_1 + Z_2 + \cdots + Z_n \tag{7-12}$$

n 个串联阻抗中任一阻抗 Z_k 上的电压 $\dot{U}_k$ 可由分压公式求得，为：

$$\dot{U}_k = \frac{Z_k}{Z_{eq}} \dot{U} ，\ k = 1,\ 2,\ \cdots,\ n \tag{7-13}$$

其中 $\dot{U}$ 为总电压。

同理，n 个导纳并联，其等效导纳为这个 n 个并联导纳之和，即：

$$Y_{eq} = Y_1 + Y_2 + \cdots + Y_n \tag{7-14}$$

n 个并联导纳中任一导纳 Y_k 中电流 $\dot{I}_k$ 可由分流公式求得，为：

$$\dot{I}_k = \frac{Y_k}{Y_{eq}} \dot{I} ，\ k = 1,\ 2,\ \cdots,\ n \tag{7-15}$$

其中 $\dot{I}$ 为总电流。

【例 7-1】 在 RLC 串联电路中，已知 $R = 10\Omega$、$L = 445\text{mH}$，$C = 32\mu\text{F}$，正弦交流电源电压 $U = 220\text{V}$、$f = 50\text{Hz}$，求：

（1）电路中电流的有效值；

（2）电源电压与电流相位差；

（3）电阻、电感、电容电压有效值。

解：（1）因为 $X_L = 2\pi \times 50 \times 0.445 = 140\Omega$

$$X_C = \frac{1}{2\pi \times 50 \times 32 \times 10^{-6}} = 100\Omega$$

$$|Z| = \sqrt{10^2 + (140 - 100)^2} = 41.2\Omega$$

所以

$$I = \frac{U}{|Z|} = \frac{220}{41.2} = 5.3\text{A}$$

（2）电压与电流的相位差角也是电路的阻抗角，由阻抗三角形得：

$$\varphi = \arctan \frac{X_L - X_C}{R} = \arctan \frac{140 - 100}{10} \approx 76.0°$$

（3）由元件的电压与电流关系得：

$$U_R = IR = 5.3 \times 10 = 53\text{V}$$

$$U_L = IX_L = 5.3 \times 140 = 742\text{V}$$

$$U_C = IX_C = 5.3 \times 100 = 530\text{V}$$

【例 7-2】 如图 7-3 所示并联电路中，已知端电压 $u = 220\sqrt{2}\sin(314t - 30°)\text{V}$，$R_1 = R_2 = 6\Omega$，$X_L = X_C = 8\Omega$，试求：

（1）总导纳 Y。

（2）各支路电流 $\dot{I}_1$、$\dot{I}_2$ 和总电流 $\dot{I}$。

解：选 $\dot{U}$、$\dot{I}$、$\dot{I}_1$、$\dot{I}_2$ 的参考方向如图所示。

由已知 $\dot{U} = 220\angle -30°\text{V}$，有：

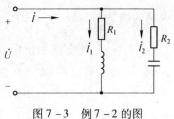

图 7-3 例 7-2 的图

（1）
$$Y_1 = \frac{1}{6+j8} = \frac{6-j8}{100} = 0.06 - j0.08S = 0.1\angle -53.1°S$$

$$Y_2 = \frac{1}{6-j8} = \frac{6+j8}{100} = 0.06 + j0.08S = 0.1\angle 53.1°S$$

$$Y = Y_1 + Y_2 = 0.06 - j0.08 + 0.06 + j0.08 = 0.12S$$

（2）
$$\dot{I}_1 = \dot{U}Y_1 = 220\angle -30° \times 0.1\angle -53.1° = 22\angle -83.1°A$$

$$\dot{I}_2 = \dot{U}Y_2 = 220\angle -30° \times 0.1\angle 53.1° = 22\angle 23.1°A$$

$$\dot{I} = \dot{U}Y = 220\angle -30° \times 0.12 = 26.4\angle -30°A$$

7.3 电路的相量图

在分析正弦电路时，借助于相量图往往可以使分析计算的过程简单化。通过作相量图，可以直观地观察到电路中各电压、电流相量之间的大小和相位关系。作相量图时，首先选定一个参考相量（即假设该向量的初相为零），把它画在水平方向上，即参考相量的方向，其他相量可以根据与参考相量的关系画出。

由于串联电路流经各元件的电流是同一电流，常选电流相量为参考相量；因并联电路各元件承受同一电压，常选电压相量为参考相量。对于混联电路先将局部的串联或并联电路的相量图按照上述原则画出，再将局部电路组合为总体电路的串、并联方式画出总体电路的相量图。

【例7-3】 如图7-4所示电路中正弦电压 $U_s = 380V$，$f = 50Hz$，电容可调，当 $C = 80.95\mu F$，交流电流表 A 的读数最小，其值为2.59A。求图中交流电流表 A_1 的读数。

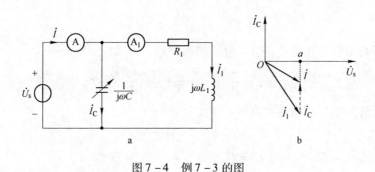

图7-4 例7-3的图

解：本题利用作相量图的方法来解题：当电容 C 变化时，$\dot{I}_1$ 始终不变，可先定性画出电路的相量图。令 $\dot{U}_s = 380\angle 0°V$，$\dot{I}_1 = \frac{\dot{U}_s}{R+j\omega L}$，故 $\dot{I}_1$ 滞后电压 $\dot{U}_s$，$\dot{I}_C = j\omega C\dot{U}_s$。表示 $\dot{I} = \dot{I}_1 + \dot{I}_C$ 的电流相量组成的三角形如图7-4b所示。当 C 变化时，$\dot{I}_C$ 始终与 $\dot{U}_s$ 正交，故 $\dot{I}_C$ 的末端将沿图中所示虚线变化，而到达 a 点时，$\dot{I}$ 为最小。当 $I_C = \omega C U_s = 9.66A$，此时 $I = 2.59A$，用电流三角形解得电流表 A_1 的读数为：

$$\sqrt{(9.66)^2 + (2.59)^2}A = 10A$$

7.4　正弦稳态电路的分析

欧姆定律和基尔霍夫定律是分析各种电路的理论依据，我们已经分析了电阻元件、电感元件及电容元件上的欧姆定律的相量形式。在交流电路中，由于引入了电压、电流的相量，因此欧姆定律和基尔霍夫定律也应有相应的相量形式。

$$\Sigma \dot{I} = 0 \qquad (7-16)$$

$$\Sigma \dot{U} = 0 \qquad (7-17)$$

$$\dot{U} = Z \dot{I} \qquad (7-18)$$

$$\dot{I} = Y \dot{U} \qquad (7-19)$$

采用相量法分析时，线性电阻电路的各种分析方法和电路定理可推广用于线性电路的正弦稳态分析，差别仅在于所得电路方程为以相量形式表示的代数方程以及用相量形式描述的电路定理，而计算则为复数运算。

【例 7 – 4】　列出图 7 – 5 所示电路的节点方程和回路方程。

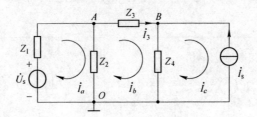

图 7 – 5　例 7 – 4 的图

解：（1）设 O 点为参考点，两节点电压分别为 $\dot{U}_A$ 和 $\dot{U}_B$。列出节点方程：

$$\left(\frac{1}{Z_1} + \frac{1}{Z_2} + \frac{1}{Z_3}\right)\dot{U}_A - \frac{1}{Z_3}\dot{U}_B = \frac{\dot{U}_s}{Z_1} \qquad (7-20)$$

$$-\frac{1}{Z_3}\dot{U}_A + \left(\frac{1}{Z_3} + \frac{1}{Z_4}\right)\dot{U}_B = \dot{I}_s \qquad (7-21)$$

式（7 – 20）中 $\dot{U}_A$ 的系数为节点 A 的自导纳，$\dot{U}_B$ 的系数为节点 A 与节点 B 之间的互导纳；式（7 – 21）中 $\dot{U}_A$ 的系数为节点 B 与节点 A 之间的互导纳，$\dot{U}_B$ 的系数为节点 B 的自导纳。

（2）设回路电流如图 7 – 5 所示，列写回路方程如下：

$$(Z_1 + Z_2)\dot{I}_a - Z_2 \dot{I}_b = \dot{U}_s$$

$$-Z_2 \dot{I}_a + (Z_2 + Z_3 + Z_4)\dot{I}_b - Z_4 \dot{I}_c = 0$$

$$\dot{I}_c = -\dot{I}_s \qquad (7-22)$$

第一个方程中 $\dot{I}_a$ 的系数称为回路 a 的自阻抗，$\dot{I}_b$ 的系数为回路 a 与回路 b 间的互阻抗；第二个方程中 $\dot{I}_b$ 的系数为回路 b 的自阻抗，$\dot{I}_a$ 和 $\dot{I}_c$ 的系数分别为回路 b 与回路 a 和回路 c 间的互阻抗。

【例 7 – 5】 求图 7 – 6a 所示一端口的戴维南等效电路。

解： 戴维南等效电路的开路电压 $\dot{U}_{oc}$ 和戴维南等效阻抗 Z_{eq} 的求解方法与电阻电路相似。先求 $\dot{U}_{oc}$：

$$\dot{U}_{oc} = -r\dot{I}_2 + \dot{U}_{ao}$$

又有：

$$(Y_1 + Y_2)\dot{U}_{ao} = Y_1\dot{U}_{s1} - \dot{I}_{s3}$$

$$\dot{I}_2 = Y_2\dot{U}_{ao}$$

解得：

$$\dot{U}_{oc} = \frac{(1 - rY_2)(Y_1\dot{U}_{s1} - \dot{I}_{s3})}{Y_1 + Y_2}$$

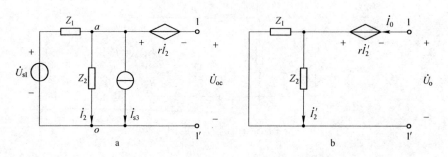

图 7 – 6 例 7 – 5 的图

可按图 7 – 6b 求解等效阻抗 Z_{eq}。在端口 1 – 1′ 置一电压源 $\dot{U}_o$（与独立电源同频率），求得 $\dot{I}_o$ 后有：

$$Z_{eq} = \frac{\dot{U}_o}{\dot{I}_o}$$

可以设 $\dot{I}_2'$ 为已知，然后求出 $\dot{U}_o$、$\dot{I}_o$ 为：

$$\dot{I}_o = \dot{I}_2' + Z_2 Y_1 \dot{I}_2'$$

$$\dot{U}_o = Z_2\dot{I}_2' - r\dot{I}_2'$$

解得：

$$Z_{eq} = \frac{(Z_2 - r)\dot{I}_2'}{(1 + Z_2 Y_1)\dot{I}_2'} = \frac{Z_2 - r}{1 + Z_2 Y_1}$$

7.5 正弦稳态电路的功率

7.5.1 瞬时功率

设图 7－7 所示一端口 N 内部不含独立电源，仅含电阻、电感、电容等无源元件，它吸收的瞬时功率 p 等于电压 u 和电流 i 乘积，即 $p=ui$。

在正弦稳态情况下，设：

$$u=\sqrt{2}U\cos(\omega t+\phi_u)$$

$$i=\sqrt{2}I\cos(\omega t+\phi_i)$$

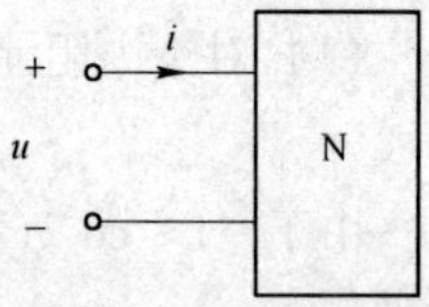

图 7－7 一端口网络

有：

$$\begin{aligned}p&=u\cdot i=\sqrt{2}U\cos(\omega t+\phi_u)\times\sqrt{2}I\cos(\omega t+\phi_i)\\&=UI\cos(\phi_u-\phi_i)+UI\cos(2\omega t+\phi_u+\phi_i)\end{aligned}$$

令 $\varphi=\phi_u-\phi_i$，φ 为电压和电流之间的相位差，有：

$$p=UI\cos\varphi+UI\cos(2\omega t+\phi_u+\phi_i) \tag{7-23}$$

从式（7－23）可见，瞬时功率有恒定分量 $UI\cos\varphi$ 和正弦分量 $UI\cos(2\omega t+\phi_u+\phi_i)$ 两部分，正弦分量的频率是电压或电流频率的两倍。

瞬时功率还可以写成：

$$\begin{aligned}p&=UI\cos\varphi+UI\cos(2\omega t+2\phi_u-\varphi)\\&=UI\cos\varphi+UI\cos\varphi\cos(2\omega t+2\phi_u)+UI\sin\varphi\sin(2\omega t+2\phi_u)\\&=UI\cos\varphi\{1+\cos[2(\omega t+\phi_u)]\}+UI\sin\varphi\sin[2(\omega t+\phi_u)]\end{aligned} \tag{7-24}$$

式（7－24）中的第 1 项始终大于或等于零（$\varphi\leqslant\frac{\pi}{2}$），它是瞬时功率中的不可逆部分；第 2 项是瞬时功率中的可逆部分，其值正负交替，这说明能量在外施电源与一端口之间来回交换。

7.5.2 有功功率和无功功率

瞬时功率的实际意义不大，且不便于测量。通常引用平均功率的概念。平均功率又称有功功率，是指瞬时功率在一个周期$\left(T=\frac{1}{f}=\frac{2\pi}{\omega}\right)$内的平均值，用大写字母 P 表示，即：

$$P=\frac{1}{T}\int_0^T p\mathrm{d}t=\frac{1}{T}\int_0^T UI[\cos\varphi+\cos(2\omega t+\phi_u+\phi_i)]\mathrm{d}t=UI\cos\varphi$$

有功功率代表一端口实际消耗的功率，它就是式（7－23）的恒定分量。它不仅与电压和电流的有效值的乘积有关，且与它们之间的相位差有关。式中 $\cos\varphi$ 称为功率因数，并用 λ 表示，即有 $\lambda=\cos\varphi$。

在工程上还引入了无功功率的概念，用大写字母 Q 表示，其定义为：

$$Q=UI\sin\varphi$$

从式（7－23）中可见它与瞬时功率的可逆部分有关。

7.5.3 视在功率

许多电力设备的容量是由它们的额定电流和额定电压的乘积决定的，为此引进了视在功率的概念，用大写字母 S 表示，视在功率的定义式为：

$$S = UI$$

即视在功率为电路中的电压和电流有效值的乘积。

有功功率、无功功率和视在功率都具有功率的量纲，为便于区分，有功功率的单位用 W，无功功率的单位用 var（乏，即无功伏安），视在功率用 V·A（伏安）。

如果一端口 N 分别为电阻、电感、电容单个元件，则从式（7-23）可以求得瞬时功率、有功功率、无功功率。

（1）对于电阻元件，因为 $\varphi = \phi_u - \phi_i = 0$，所以瞬时功率：

$$p = UI[1 + \cos2(\omega t + \phi_u)]$$

由于 $-1 \leqslant \cos2(\omega t + \phi_u) \leqslant 1$，所以 $p \geqslant 0$，这说明电阻元件始终是吸收能量的，是耗能元件。

平均功率为：

$$P_R = UI = I^2 R = GU^2$$

P_R 表示电阻所消耗的功率。电阻的无功功率为零。

（2）对于电感元件，有 $\varphi = \dfrac{\pi}{2}$，瞬时功率为：

$$p = UI\sin\varphi\sin[2(\omega t + \phi_u)]$$

它的平均功率为零，所以不消耗能量，但 p 正负交替变化，说明有能量的来回交换。电感的无功功率为：

$$Q_L = UI\sin\varphi = UI = \omega LI^2 = \frac{U^2}{\omega L}$$

（3）对于电容元件，有 $\varphi = -\dfrac{\pi}{2}$，瞬时功率为：

$$p = UI\sin\varphi\sin[2(\omega t + \phi_u)] = -UI\sin[2(\omega t + \phi_u)]$$

它的平均功率为零，所以电容也不消耗能量，但 p 正负交替变化，说明有能量的来回交换。电容的无功功率为：

$$Q_C = -UI = -\frac{1}{\omega C}I^2 = -\omega CU^2$$

有功功率 P、无功功率 Q 和视在功率 S 之间存在下列关系：

$$P = S\cos\varphi, \quad Q = S\sin\varphi$$

即：
$$S^2 = P^2 + Q^2$$
或

$$S = \sqrt{P^2 + Q^2}, \quad \varphi = \arctan\left(\frac{Q}{P}\right)$$

【例 7-6】　已知一阻抗 Z 上的电压、电流分别为 $\dot{U} = 220\angle-30°\text{V}$、$\dot{I} = 10\angle30°\text{A}$（电压和电流参考方向一致），求 Z、$\cos\varphi$、P、Q、S。

解：
$$Z = \frac{\dot{U}}{\dot{I}} = \frac{220\angle-30°}{10\angle30°} = 22\angle-60°\Omega$$

$$\cos\varphi = \cos(-60°) = \frac{1}{2}$$

$$P = UI\cos\varphi = 220 \times 10 \times \frac{1}{2} = 1100W$$

$$Q = UI\sin\varphi = 220 \times 10 \times \frac{\sqrt{3}}{2} = 1100\sqrt{3}var$$

$$S = \sqrt{P^2 + Q^2} = 2200V \cdot A$$

【**例 7 - 7**】 用如图7-8所示的三表法测量一个线圈的参数,测得如下数据:电压表的读数为15V,电流表的读数为1.5A,功率表的读数为18W,试求该线圈的参数 R 和 L (电源频率50Hz)。

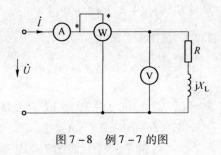

图7-8 例7-7的图

解: 选 $\dot{U}$ 、$\dot{I}$ 的方向为关联参考方向,根据:

$$P = I^2 R$$

求得:

$$R = \frac{P}{I^2} = \frac{18}{1.5^2} = 8\Omega$$

线圈的阻抗:

$$|Z| = \frac{U}{I} = \frac{15}{1.5} = 10\Omega$$

因为:

$$|Z| = \sqrt{R^2 + X_L^2}$$

所以:

$$X_L = \sqrt{|Z|^2 - R^2} = 6\Omega$$

$$L = \frac{X_L}{\omega} = \frac{6}{314} = 0.019H$$

7.6 复 功 率

复功率是为了用电压相量和电流相量来计算正弦稳态电路的功率而引入的概念,它只是计算用的一个复数,并不表示某个正弦量。设某一端口的电压相量为 $\dot{U}$,电流相量为 $\dot{I}$,复功率 $\overline{S}$ 定义为:

$$\overline{S} = \dot{U}\dot{I}^* = UI\angle\phi_u - \phi_i = UI\cos\varphi + jUI\sin\varphi$$

它是电压相量 $\dot{U}$ 和电流相量 $\dot{I}$ 的共轭复数 $\dot{I}^*$ 的乘积,其实部为有功功率,虚部为无功功率。复功率的吸收和发出同样可根据端口电压和电流的参考方向来判断,对于任意一端口、支路或元件，若其上电压和电流的参考方向成关联，计算所得的复功率其实部为吸收的有功功率，虚部为所吸收的无功功率；若参考方向为非关联方向，则分别为发出的有功功率和无功功率。如果吸收或发出的有功功率或无功功率为负值，实际上是发出或吸收了一个正的有功功率或无功功率。

【例 7 – 8】 如图 7 – 9 所示电路中 $u_s = 141.4\cos(314t$
$-30°)$ V、$R_1 = 3\Omega$、$R_2 = 2\Omega$、$L = 9.55\mathrm{mH}$。计算电源发出的复功率。

解： 已知：$u_s = 141.4\cos(314t - 30°)$ V，写成相量形

式为：$\dot{U}_s = 100\angle -30°\mathrm{V}$

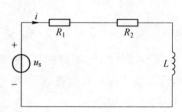

图 7 – 9　例 7 – 8 的图

由 KVL 定律：$\dot{U}_s = \dot{I}(R_1 + R_2 + j\omega L) = \dot{I}(3 + 2 + j \times$

$314 \times 9.55 \times 10^{-3}) = \dot{I}(5 + j3)$

故：
$$\dot{I} = \frac{100}{5 + j3} = 17.15\angle -60.96°\mathrm{V}$$

所以，电源的复功率：$S = \dot{U}_s \dot{I}^* = 100\angle -30° \times 17.15\angle 60.96° = 1715\angle 30.96°$
$$= 1470.6 + j882.3\mathrm{V \cdot A}$$

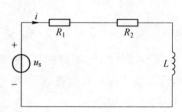

图 7 – 10　例 7 – 9 的图

【例 7 – 9】 如图 7 – 10 所示为一日光灯装置等效电路，已知 $P = 40\mathrm{W}$、$U = 220\mathrm{V}$、$U_R = 110\mathrm{V}$、$f = 50\mathrm{Hz}$，求：

（1）日光灯的电流及功率因数；

（2）若要把功率因数提高到 0.9，需要并联的电容器的容量是多少？

（3）并联电容前后电源提供的电流有效值各是多少？

解：（1）通过日光灯灯管的电流为：
$$I_1 = \frac{P}{U_R} = \frac{40}{110}0.364\mathrm{A}$$

日光灯的功率因数为：
$$\cos\varphi_1 = \frac{U_R}{U} = \frac{110}{220} = 0.5$$

（2）由 $\cos\varphi_1 = 0.5$ 得：$\varphi_1 = 60°$，$\tan\varphi_1 = 1.73$。

由 $\cos\varphi_2 = 0.9$ 得：$\varphi_2 = 26°$，$\tan\varphi_2 = 0.488$。

要将功率因数提高到 $\cos\varphi_2 = 0.9$，需要并联的电容器的容量为：
$$C = \frac{P}{\omega U^2}(\tan\varphi_1 - \tan\varphi_2) = \frac{40}{2 \times 3.14 \times 50 \times 220^2}(1.73 - 0.488) = 3.30\mu\mathrm{F}$$

（3）未并联电容前，流过日光灯灯管的电流就是电源提供的电流：
$$I_1 = 0.364\mathrm{A}$$

并联电容后，电源提供的电流将减少为：
$$I = \frac{P}{U\cos\varphi_2} = \frac{40}{220 \times 0.9} = 0.202\mathrm{A}$$

7.7 最大功率传输

在工程中，有时需要分析如何使负载获得最大功率，即最大功率传输问题。图7–11a 所示电路为含源一端口 N_s 向终端负载 Z 传输功率，当传输的功率较小（如通讯系统、电子电路中），而不必计算传输效率时，常常要研究使负载获得最大（有功）功率的条件。

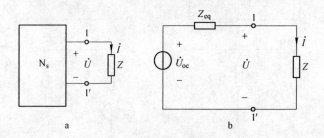

图7–11   最大功率传输

根据戴维南定理，该问题可以简化为图7–11b 所示等效电路进行研究。设 $Z_{eq} = R_{eq} + jX_{eq}$，$Z = R + jX$，则负载吸收的有功功率为：

$$P = \frac{U_{oc}^2 R}{(R + R_{eq})^2 + (X_{eq} + X)^2} \tag{7-25}$$

如果 R 和 X 可以任意变动，而其他参数不变时，则获得最大功率的条件为式（7–25）分母中的无功功率部分等于0，即：

$$X_{eq} + X = 0 \tag{7-26}$$

使用微分求最大值的方法，对式（7–25）求导并令其等于零有：

$$\frac{dP}{dR} = \frac{d}{dR} \left[\frac{U_{oc}^2 R}{(R + R_{eq})^2} \right] = 0 \tag{7-27}$$

解得：

$$X = -X_{eq}$$

$$R = R_{eq} \tag{7-28}$$

即有：

$$Z = R + jX = R_{eq} - jX_{eq} = Z_{eq}^*$$

此时获得的最大功率为：

$$P_{max} = \frac{U_{oc}^2}{4R_{eq}} \tag{7-29}$$

其他可变情况不一一列举。当用诺顿等效电路时，获得最大功率的条件可表示为：

$$Y = Y_{eq}^* \tag{7-30}$$

上述获最大功率的条件称为最佳匹配。

【例7–10】   在图7–12a 所示的电路中，已知 $R_1 = R_2 = 30\Omega$、$X_L = X_C = 40\Omega$、$U_s =$

100V。求负载 Z 的最佳匹配值及获得的最大功率。

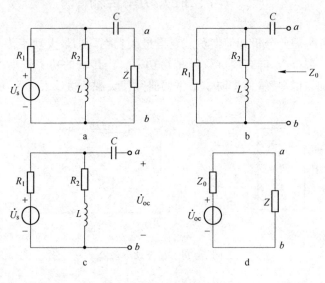

图 7 – 12　例 7 – 10 的图

解： 去掉负载后所余网络的戴维南等效参数如图 7 – 12b、图 7 – 12c 所示。由图可求得：

$$Z_0 = \frac{R_1(R_2 + jX_L)}{R_1 + R_2 + jX_L} - jX_C = (19.6 - j33.1)\Omega = 38.5\angle -59.4°\Omega$$

令 $\dot{U}_s = 100\angle 0°\text{V}$，由图 7 – 12c 可求得：

$$\dot{U}_{oc} = \frac{R_2 + jX_L}{R_1 + R_2 + jX_L}\dot{U}_s = 69.35\angle 19.4° \text{ V}$$

负载的最佳匹配值为：

$$Z = Z_0^* = (19.6 + j33.1)\,\Omega$$

可获得的最大功率为：

$$P_{max} = \frac{U_{oc}^2}{4R_0} = \frac{69.35^2}{4 \times 19.6}\text{W} = 61.34\text{W}$$

7.8　串联电路的谐振

如前所述，当 RLC 串联或并联时，其等效阻抗或导纳可以是电感性的，也可以是电容性的，还可以是电阻性的。对于后一种情况，整个电路中的电压和电流是同相位的，感抗等于容抗，互相抵消，电路呈电阻性，把这种现象称为谐振现象，简称谐振。谐振现象是正弦交流电路中的一种特殊现象，它在无线电和电工技术中得到广泛的应用。例如收音机和电视机就是利用谐振电路的特性来选择所需的接收信号，抑制其他干扰信号。但是在电力系统中，若出现谐振会引起过电压或强电流破坏系统的正常工作状态。所以，研究电路的谐振现象有重要的实际意义。一方面谐振现象得到广泛的应用，另一方面在某些情况下电路中发生谐振会破坏正常工作。

7.8.1 串联谐振电路的谐振特性

图 7-13 为一由 RLC 组成的串联电路，在正弦电压 $u = \sqrt{2}U\cos(\omega t + \phi_u)$ 激励下，电路的工作状况将随频率的变动而变动，这是由感抗和容抗随频率变动而造成的。首先分析该电路的复阻抗随频率变化的特性。

$$Z(j\omega) = R + j\left(\omega L - \frac{1}{\omega C}\right) \qquad (7-31)$$

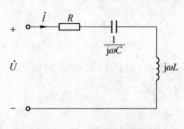

图 7-13 串联谐振电路

根据谐振的定义知，当 $\omega L - \frac{1}{\omega C} = 0$ 时，电抗部分为零，电路相当于"纯电阻"电路，其总电压和总电流同相。即当 $\omega_0 = \frac{1}{\sqrt{LC}}$，$f_0 = \frac{1}{2\pi\sqrt{LC}}$ 时，串联电路发生谐振。由式（7-31）可知，串联电路中的谐振频率 f_0 与电阻 R 无关，它反映了串联电路的一种固有的性质，所以又称"固有频率"，ω_0 称为"固有角频率"。

串联谐振频率只有一个，是由串联电路中的 L、C 参数决定的，而与串联电阻 R 无关。改变电路中的 L 和 C 都能改变电路的固有频率，使电路在某一频率下发生谐振，或者避免谐振。这种串联谐振也会在电路中某一条含 L 和 C 串联的支路中发生。谐振时阻抗为最小值，即：

$$Z(j\omega_0) = R + j\left(\omega_0 L - \frac{1}{\omega_0 C}\right) = R \qquad (7-32)$$

在输入电压有效值 U 不变的情况下，由于谐振时，$|Z| = R$，为最小，所以电流 I 为最大，最大值为：

$$I = \frac{U}{|Z|} = \frac{U}{R}$$

且与外加电源电压同相。

电阻上的电压也达到最大，且与外施电压相等，即：

$$U_R = RI = U$$

谐振时，还有 $\dot{U}_L + \dot{U}_C = 0$（所以串联谐振又称为电压谐振），而：

$$\dot{U}_L = j\omega_0 L \dot{I} = j\frac{\omega_0 L}{R}\dot{U} = jQ\dot{U}$$

$$\dot{U}_C = -j\frac{1}{\omega_0 C}\dot{I} = -j\frac{1}{\omega_0 CR}\dot{U} = -jQ\dot{U} \qquad (7-33)$$

其中 $\qquad\qquad Q = \frac{\omega_0 L}{R} = \frac{1}{\omega_0 CR} = \frac{1}{R}\sqrt{\frac{L}{C}} \qquad (7-34)$

称为串联谐振电路的品质因数。如果 $Q > 1$，则有 $U_L = U_C \geqslant U$。当 $Q \gg 1$，表明在谐振时或接近谐振时，会在电感和电容两端出现大大高于外施电压 U 的高电压，称为过电压现象，往往会造成元件的损坏。但谐振时 L 和 C 两端的等效阻抗为零（相当于短路）。

7.8.2　串联谐振电路的功率

谐振时，电路的无功功率为零，这是由于阻抗值 $\varphi(\omega_0)=0$，所以电路的功率因数为：

$$\lambda = \cos\varphi = 1$$

$$P(\omega_0) = UI\lambda = UI = \frac{1}{2}U_m I_m \tag{7-35}$$

$$Q_L(\omega_0) = \omega_0 L I^2 , Q_C(\omega_0) = -\frac{1}{\omega_0 C}I^2 \tag{7-36}$$

谐振时电路不从外部吸收无功功率，但 L 和 C 的无功功率并不为零，只是 $Q_L + Q_C = 0$，它们之间进行着完全的能量交换，总能量为：

$$W(\omega_0) = \frac{1}{2}Li^2 + \frac{1}{2}Cu_C^2 \tag{7-37}$$

而谐振时有：

$$i = \sqrt{2}\frac{U}{R}\cos(\omega_0 t) , u_C = \sqrt{2}QU\sin(\omega_0 t)$$

并有：

$$Q^2 = \frac{1}{R^2}\frac{L}{C}$$

将这些量代入式(7-36)，有：

$$W(\omega_0) = \frac{L}{R^2}U^2\cos^2(\omega_0 t) + CQ^2 U^2\sin^2(\omega_0 t)$$

$$= CQ^2 U^2 = \frac{1}{2}CQ^2 U_m^2 = 常量 \tag{7-38}$$

另外还可以得出：

$$Q = \omega_0 W(\omega_0)/P(\omega_0)$$

串联电阻的大小虽然不影响串联谐振电路的固有频率，但有控制和调节谐振时电流和电压幅度的作用。

7.8.3　串联谐振电路的频率特性

引入：

$$\eta = \frac{\omega}{\omega_0} \tag{7-39}$$

作为频率的归一化量，表示频率 ω 对 ω_0 的相对变化（亦称归一化频率）。将式（7-38）代入式（7-31）得到串联谐振电路的阻抗为：

$$Z(j\omega) = R + j\left(\omega L - \frac{1}{\omega C}\right) = R\left[1 + jQ\left(\eta - \frac{1}{\eta}\right)\right] = Z(\eta) \tag{7-40}$$

使用归一化量 η 后，电路中的电流为：

$$I(\eta) = \frac{U}{|Z|} = \frac{U}{R\sqrt{1 + Q^2\left(\eta - \frac{1}{\eta}\right)^2}} = \frac{I_0}{\sqrt{1 + Q^2\left(\eta - \frac{1}{\eta}\right)^2}} \tag{7-41}$$

它与谐振时的电流 $I_0 = \frac{U}{R}$ 之比（归一化电流）为：

$$\frac{I(\eta)}{I_0} = \frac{1}{\sqrt{1 + Q^2\left(\eta - \frac{1}{\eta}\right)^2}} \tag{7-42}$$

同样可求得电阻电压 U_R 与电路总电压 U 之比（归一化电压）为：

$$\frac{U_R(\eta)}{U} = \frac{\frac{U}{|Z|}R}{U} = \frac{R}{|Z|} = \frac{1}{\sqrt{1 + Q^2\left(\eta - \frac{1}{\eta}\right)^2}} \quad (7-43)$$

由式(7-38)~式(7-42)可知，电路中的阻抗、电流和电压都与频率有关，都是频率 ω 的函数，即电路中的量具有随频率而变化的特性——电路的频率（响应）特性。描述电路频率特性的图称为电路的频率（响应）特性图。

根据式(7-41)可作出串联谐振电路的频率特性图（也称谐振曲线图），如图7-14所示。

由图7-14可见，在同一坐标 η 下，Q 值不同，谐振曲线的形状也不同。Q 值越大，曲线就越尖锐。谐振（$\eta = 1$）时，曲线达峰值，即输出电流 I 达到最大值，一旦偏离谐振点（$\eta < 1$，$\eta > 1$）时，输出就下降，Q 值越大，曲线越尖锐的，输出下降得也就越快。这说明谐振电路对谐振频率的输出具有选择性，对非谐振频率的输出具有较强的抑制能力。由于谐振时，电流输出最大，所以串联谐振电路又称为电流谐振电路。

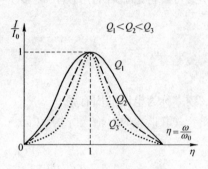

图7-14 串联谐振电路的频率特性图

【例7-11】 收音机的输入电路（调谐电路）由磁性天线电感 $L = 500\,\mu H$ 与 $20 \sim 270\,pF$ 的可变电容器串联。求对 560kHz 和 990kHz 电台信号谐振时的电容值。

解： 由 $f_0 = \dfrac{1}{2\pi\sqrt{LC}}$ 可知：

（1）当 $f_s = 560000\,Hz$ 时，电路的谐振频率 $f_0 = f_s$。

$$C = \frac{1}{4(\pi f_0)^2 L} = \frac{1}{4 \times 3.14^2 (5.6 \times 10^5)^2 \times 500 \times 10^{-6}}\,F = 161.1\,pF$$

（2）当 $f_0 = f_s = 990000\,Hz$ 时

$$C = \frac{1}{4\pi^2 f_0^2 L} = \frac{1}{4 \times 3.14^2 \times (9.9 \times 10^5)^2 \times 500 \times 10^{-6}}\,F = 51.7\,pF$$

7.9 并联谐振电路

如图7-15所示电路为 GLC 并联电路，是另一种典型的谐振电路，分析方法与 RLC 串联谐振电路相同（具有对偶性）。

并联谐振的定义与串联谐振的定义相同，即端口上的电压 $\dot{U}$ 与输入电流 $\dot{I}$ 同相时的工作状况称为谐振。由于发生在并联电路中，所以称为并联谐振。并联谐振条件为：

$$\text{Im}[Y(j\omega_0)] = 0$$

因为：

$$Y(j\omega_0) = G + j\left(\omega_0 C - \frac{1}{\omega_0 L}\right)$$

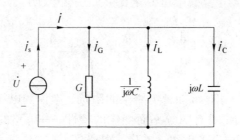

图 7 – 15　并联谐振电路

可解得谐振时的角频率 ω_0 和频率 f_0：

$$\omega_0 = \frac{1}{\sqrt{LC}}$$

$$f_0 = \frac{1}{2\pi\ \sqrt{LC}}$$

该频率称为电路的固有频率。

并联谐振时，输入导纳 $Y(\mathrm{j}\omega_0)$ 为最小，即：

$$Y(\mathrm{j}\omega_0) = G + \mathrm{j}\left(\omega_0 C - \frac{1}{\omega_0 L}\right) = G$$

或者说输入阻抗最大，即：$\qquad Z(\mathrm{j}\omega_0) = R$

谐振时端电压达到最大值为：

$$U(\omega_0) = |Z(\mathrm{j}\omega_0)|I_\mathrm{s} = RI_\mathrm{s}$$

所以并联谐振又称为电压谐振，根据这一现象可以判别并联电路谐振与否。

并联谐振时有：$\qquad \dot{I}_\mathrm{L} + \dot{I}_\mathrm{C} = 0$

$$\dot{I}_\mathrm{L}(\omega_0) = -\mathrm{j}\frac{1}{\omega_0 L}\dot{U} = -\mathrm{j}\frac{1}{\omega_0 LG}\dot{I}_\mathrm{s} = -\mathrm{j}Q\dot{I}_\mathrm{s}$$

$$\dot{I}_\mathrm{C}(\omega_0) = \mathrm{j}\omega_0 C\dot{U} = \mathrm{j}\frac{\omega_0 C}{G}\dot{I}_\mathrm{s} = \mathrm{j}Q\dot{I}_\mathrm{s}$$

式中 Q 称为并联谐振电路的品质因数，且有：

$$Q = \frac{1}{\omega_0 LG} = \frac{\omega_0 C}{G} = \frac{1}{G}\sqrt{\frac{C}{L}}$$

如果 $Q \gg 1$，则谐振时在电感和电容中会出现过电流，但从 L、C 两端看进去的等效电纳等于零，即阻抗为无限大，相当于开路。

谐振时无功功率为：

$$Q_\mathrm{L}(\omega_0) = \frac{1}{\omega_0 L}U^2, Q_\mathrm{C}(\omega_0) = -\omega_0 CU^2$$

谐振时电路不从外部吸收无功功率，但 L 和 C 的无功功率并不为零，只是 $Q_\mathrm{L} + Q_\mathrm{C} = 0$，它们之间进行着完全的能量交换，总能量为：

$$W(\omega_0) = W_\mathrm{L}(\omega_0) + W_\mathrm{C}(\omega_0) = LQ^2 I_\mathrm{s}^2 = 常数$$

工程中采用的电感线圈和电容并联的谐振电路如图 7 – 16 所示，其中电感线圈用 R 和 L 的串联组合来表示。

由前面的讨论可知，电路的导纳为：

$$Y = \frac{1}{R + j\omega L} + j\omega C = \frac{R}{R^2 + (\omega L)^2} + j\left[\omega C - \frac{\omega L}{R^2 + (\omega L)^2}\right]$$

按谐振定义，谐振时电压与电流同相位，所以 Y 的虚部为零，由此得到谐振条件为：

$$\omega C = \frac{\omega L}{R^2 + (\omega L)^2}$$

由上式可解出并联谐振时的角频率为：

$$\omega_0 = \frac{1}{\sqrt{LC}}\sqrt{1 - \frac{CR^2}{L}}$$

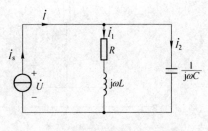

图 7 – 16　一种并联谐振电路

一般地，电感线圈的电阻 R 都很小，在工作频率范围内远小于感抗 $X_L = \omega L$，谐振时 $R \ll \omega_0 L$，即得谐振条件为：

$$\omega C \approx \frac{1}{\omega L}$$

在此条件下，得谐振角频率为：

$$\omega_0 \approx \frac{1}{\sqrt{LC}}$$

谐振频率为：

$$f_0 \approx \frac{1}{2\pi\sqrt{LC}}$$

与串联谐振条件一样。

并联谐振的频率（响应）特性与串联谐振的类似，也有类似的频率（响应）特性图（只需要将图 7 – 14 中的纵坐标用归一化电压量 $\frac{U}{U_0}$ 替代即可，$U_0 = RI_s$ 为谐振电压）。在此不一一赘述。

7.10　应用实例与电路设计

7.10.1　功率因数（pf）校正及用电费用

大多数家用负载（如洗衣机、空调、电冰箱等）和工业负载（如感应电动机等）呈现电感性负载特性，且功率因数较低。

当电力公司向大型工业用户提供电能时，往往在其费率表中包含一个 pf（功率因数）条款。在此条款下，每当 pf 值低于规定值（一般为 0.85）之后，用户需要支付额外的费用。这样就迫使用户设法提高负载的 pf 值。

不改变原负载的电压和电流而提高 pf 值的过程称为功率因数校正。

为了提高功率因数，一般采用在电感性负载端并联电容的方法，如图 7 – 17a 所示。

【例 7 – 12】已知一功率为 $P = 2\text{kW}$、$\text{pf}_1 = \cos\theta_1 = 0.6$ 的感性负载接在电压为 $U = 220\text{V}$、频率为 50Hz 的电源上。现用并联电容的方法将功率因数提高到 $\text{pf}_2 = \cos\theta_2 = 0.9$，试求并联电容的大小以及并联前后电源提供的电流。

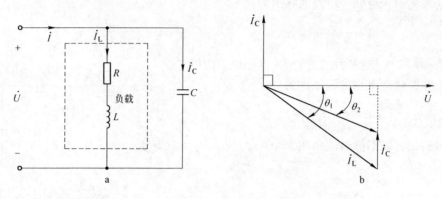

图 7 - 17　电感性负载端并联电容的电路

解： 下面分别用相量图法和解析法来求解。

（1）解法一：借助相量图。以电压［AKU·］为参考相量，画出图 7 - 17a 电路的相量图，如图 7 - 17b 所示。由图 7 - 17a 可见，并联电容前后，感性负载上的电压和电流没发生任何变化，电源提供的平均功率也没有变化。因此：

$$P = UI_L\cos\theta_1 = UI\cos\theta_2$$

$$I_L = \frac{P}{U\cos\theta_1}$$

$$I = \frac{P}{U\cos\theta_2}$$

由电容的 VCR 有效值关系，有：

$$I_C = \omega CU$$

根据图 7 - 17b 所示的相量图，可观察到：

$$I_L\sin\theta_1 - I\sin\theta_2 = I_C$$

联立上述各式，有：

$$\frac{P\sin\theta_1}{U\cos\theta_1} - \frac{P\sin\theta_2}{U\cos\theta_2} = \omega CU$$

解得：

$$C = \frac{P}{U^2\omega}(\tan\theta_1 - \tan\theta_2)$$

将题中已知数据代入相应公式，得电容并联前后电源提供的电流及电容容量分别为：

$$I_L = \frac{2000}{220 \times 0.6} = 15.2\text{A}$$

$$I = \frac{2000}{220 \times 0.9} = 10.1\text{A}$$

$$C = \frac{2000}{220^2 \times 2\pi \times 50}[\tan(\arccos 0.6) - \tan(\arccos 0.9)] = 112\mu\text{F}$$

可见，在负载吸收功率保持不变的情况下，提高功率因数后，电源提供的电流减小。由于电力传输线和配电系统存在损耗，因此电源电流的减小使得供电公司传输过程中的功率损耗也相应减少。这就是电力公司对 pf 值低于规定值的用户进行额外收费的原因。企业内部的电力传输也同样存在这样一个问题。因此,提高功率因数是对电力公司和企业双方都有利的事情。需要注意,通常并不把 pf 值提高到 1,而是提高到 0.9 左右,以防电路中产生并联谐振现象而损害设备。

(2)解法二:从无功功率的角度进行分析。负载的无功功率只在电源与负载之间来回转换,并不做净功;但在转换过程中,将会在传输线上产生功率消耗。感性负载的平均功率$P = UI_{\text{L}}\cos\theta_1$、无功功率 $Q = UI_{\text{L}}\sin\theta_1$,因此:

$$Q_{\text{L}} = \frac{P}{\cos\theta_1}\sin\theta_1 = P\tan\theta_1$$

接并联电容之后,电路的总平均功率仍然为 P,因此:

$$P = UI\cos\theta_2$$

总无功功率为:

$$Q = UI\sin\theta_2$$

因此:

$$Q = \frac{P}{\cos\theta_2}\sin\theta_2 = P\tan\theta_2$$

电容的无功功率为:

$$Q_{\text{C}} = -U^2\omega C$$

根据无功功率守恒原理,有:

$$Q = Q_{\text{L}} + Q_{\text{C}}$$

即:

$$P\tan\theta_2 = P\tan\theta_1 - U^2\omega C$$

解得:

$$C = \frac{P}{U^2\omega}(\tan\theta_1 - \tan\theta_2)$$

将题中已知数据代入可得电容并联接入前后电路的无功功率分别为:

$$Q_{\text{L}} = 2000 \times \tan(\arccos 0.6) = 2667 \text{ var}$$
$$Q = 2000 \times \tan(\arccos 0.9) = 871 \text{ var}$$

可见,电容并联接入后,无功功率减小了,从而导致传输线功耗降低。因此,并联电容提高功率因数也称为无功补偿。

【例 7 – 13】 一个 300kW 的感性负载,其功率因数为 0.6,一个月工作 520h,计算按下列简单价格所决定的每个月的平均用电支出。已知:用电收费:0.4 元/(kW·h)。功率因数奖罚:低于 0.85,每 0.01 要增收用电费用的 0.1%;高于 0.85,每 0.01 要少收用电费用的 0.1%。

(1) 如果负载并联电容整改后,将功率因数提高到 0.95,每月可以减少多少开支?

(2) 设负载电压为 220V,如果传输线的电阻为 0.4Ω,求并联电容前后,传输线的功耗分别为多少?

解:(1) 所消耗的电量为:

$$w = 300\text{kW} \times 250 \text{ h} = 156000\text{kW} \cdot \text{h}$$

负载工作时的功率因数 pf = 0.6,预定值为 0.85,0.85 - 0.6 = 0.25,则需增收的用电量为:

$$\Delta w_1 = w \times 2.5\% = 3900 \text{kW} \cdot \text{h}$$

每月应收电费为：

$$\$_1 = 0.4 \times (156000 + 3900) = 63960 \text{（元）}$$

整改后，功率因数 pf = 0.95，高于预定值 0.85，0.95 − 0.85 = 0.1，则需少收的用电量为：

$$\Delta w_2 = w \times 1\% = 1560 \text{kW} \cdot \text{h}$$

每月应收电费为：

$$\$_2 = 0.4 \times (156000 - 1560) = 61776 \text{（元）}$$

所以每月可以减少开支：

$$63960 - 61776 = 2184 \text{（元）}$$

（2）并联电容前后，传输线上的电流分别为：

$$I_L = \frac{300 \times 10^3}{220 \times 0.6} = 2272.7 \text{A}$$

$$I = \frac{300 \times 10^3}{220 \times 0.95} = 1435.4 \text{A}$$

因此，传输线功耗分别为：

$$P_{前} = I_L^2 \times 0.4 = 2066.066 \text{kW}$$

$$P_{后} = I^2 \times 0.4 = 824.15 \text{kW}$$

7.10.2　无线电接收机的调谐电路

串联和并联谐振电路普遍应用于收音机和电视机的选台技术中。无线电信号由发射机通过电磁波发射出来，然后在大气中传播。当电磁波通过接收机天线时，将感应出极小的电压。接收机必须从接收的宽阔的电磁频率范围内仅取出一个频率或一个频率带限。

【例7-14】　图7-18给出某 AM（调幅）收音机的调谐电路示意图，已知其电感线圈的电感 $L = 1 \mu\text{F}$，要使谐振频率可由 AM 频段（AM 广播的频率范围是 540～1600kHz）的一端调整到另一端，问可变电容 C 的取值范围应该是多少？

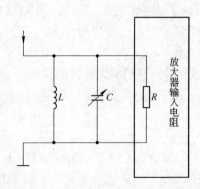

图7-18　某 AM（调幅）收音机的调谐电路示意图

解： 由公式 $\omega_0 = 2\pi f_0 = \dfrac{1}{\sqrt{LC}}$ 可得：

$$C = \frac{1}{4\pi^2 f_0^2 L}$$

对于 AM 频段的高端，$f_0 = 1600\text{kHz}$，与其相应的 C 值为：

$$C_1 = \frac{1}{4\pi^2 \times 1600^2 \times 10^6 \times 10^{-6}} = 9.9\text{nF}$$

对于 AM 频段的低端，$f_0 = 540\text{kHz}$，与其相应的 C 值为：

$$C_2 = \frac{1}{4\pi^2 \times 540^2 \times 10^6 \times 10^{-6}} = 86.9\text{nF}$$

因此，C 值必须是由 $9.9 \sim 86.9\text{nF}$ 的可调电容器。

【例 7 – 15】 用一个 $0.5\mu\text{F}$ 的电容设计一个截止频率为 $50 \times 10^3 \text{rad/s}$ 的 RC 低通滤波器。若要求截止频率的误差不大于 5%，则与输出端相接的负载电阻至少为多少？

解： 选图 7 – 19a 所示简单一阶 RC 低通滤波器结构。

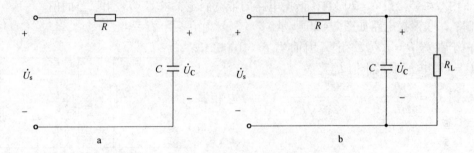

图 7 – 19　简单一阶 RC 低通滤波器结构

该滤波电路的截止频率为：

$$\omega_{\mathrm{C}} = \frac{1}{RC} \quad (\text{rad}\,/\,\text{s})$$

由于 $C = 0.5\mu\text{F}$，$\omega_{\mathrm{C}} = 50 \times 10^3 \text{rad/s}$，代入上式得：

$$R = \frac{1}{\omega_{\mathrm{C}} C} = \frac{1}{50 \times 10^3 \times 0.5 \times 10^{-6}} = 40\Omega$$

如果输出端接一负载电阻 R_{L}，如图 7 – 19b 所示。其网络函数为：

$$H(\mathrm{j}\omega) = \frac{\dot{U}_{\mathrm{C}}}{\dot{U}_{\mathrm{s}}} = \frac{R_{\mathrm{L}} /\!/ \left(\dfrac{1}{\mathrm{j}\omega C}\right)}{R + R_{\mathrm{L}} /\!/ \left(\dfrac{1}{\mathrm{j}\omega C}\right)} = \frac{\dfrac{1}{R}}{\mathrm{j}\omega C + \dfrac{R + R_{\mathrm{L}}}{R_{\mathrm{L}} R}}$$

容易得出图 7 – 19b 所示电路的截止频率为：

$$\omega_{C1} = \frac{1}{\dfrac{RR_L}{R_L + R}C}$$

由于要求截止频率的误差不大于 5%，即：

$$\frac{\omega_{C1} - \omega_C}{\omega_C} \leqslant 0.05$$

根据上述各式整理得：

$$\frac{R}{R_L} \leqslant 0.05$$

因而要求截止频率的误差不大于 5% 时与输出端相接的负载电阻：

$$R_L \geqslant \frac{R}{0.05} = \frac{40}{0.05} = 800\Omega$$

【例 7 – 16】 设计一个用于接收调幅广播的并联谐振电路，采用可变电感器进行调谐，调谐范围覆盖调幅广播的频带，即从 540 ~ 1600kHz。在频带的一端 Q 值为 45，在整个频带内 $Q \leqslant 45$。设 $R = 20\ k\Omega$，谐振电路的带宽固定，求 C、L_{min} 和 L_{max} 的值。

解： 并联谐振电路如图 7 – 20 所示。

由于带宽 $B = f_0/Q$ 一定，因而当 $f_0 = 1600\text{kHz}$ 时，$Q = 45$，电感取最小值 L_{min}。

根据 $Q = \dfrac{R}{\sqrt{\dfrac{L_{min}}{C}}}$、$f_0 = \dfrac{1}{2\pi\ \sqrt{L_{min}C}}$，两边相乘

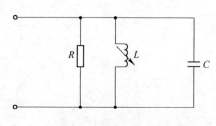

图 7 – 20 并联谐振电路

可得：

$$Qf_0 = \frac{R}{2\pi L_{min}}$$

将 $R = 20\ k\Omega$、$f_0 = 1600\text{kHz}$、$Q = 45$ 代入上式可解得：

$$L_{min} = \frac{R}{2\pi Qf_0} = \frac{20 \times 10^3}{2\pi \times 45 \times 1600 \times 10^3} = 44.2\mu H$$

$$C = \frac{1}{(2\pi f_0)^2 L_{min}} = 0.22\text{nF}$$

当 $f_0 = 540\text{kHz}$ 时，

$$L_{max} = \frac{1}{(2\pi f_0)^2 C} = 395.2\mu H$$

习　　题

7 – 1 试求图 7 – 21 所示各电路的输入阻抗 Z 和导纳 Y。

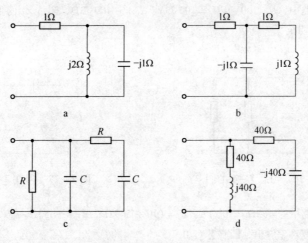

图 7－21　习题 7－1 的图

7－2　已知图 7－22 所示电路中 $u = 50\sin\left(10t + \dfrac{\pi}{4}\right)$V、$i = 400\cos\left(10t + \dfrac{\pi}{6}\right)$A 。试求电路中合适的元件值（等效）。

7－3　已知图 7－23 所示电路中 $\dot{I} = 2\angle 0°$A，求电压 $\dot{U}_s$，并作电路的相量图。

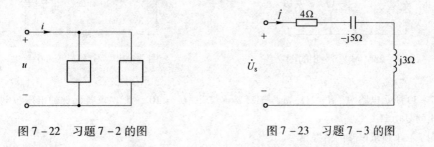

图 7－22　习题 7－2 的图　　　　　　　图 7－23　习题 7－3 的图

7－4　图 7－24 电路中，$I_2 = 10$A、$U_s = \dfrac{10}{\sqrt{2}}$V，求电流 $\dot{I}$ 和电压 $\dot{U}_s$，并画出电路的相量图。

7－5　图 7－25 所示电路中 $i_s = 14\sqrt{2}\cos(\omega t + \varphi)$mA，调节电容，使电压 $\dot{U} = U\angle\varphi$，电流表 A_1 的读数为 50mA 。求电流表 A 的读数。

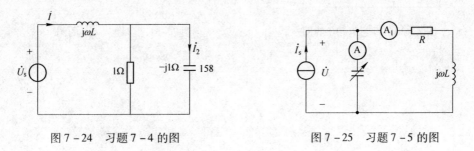

图 7－24　习题 7－4 的图　　　　　　　图 7－25　习题 7－5 的图

7－6　已知图 7－26 电路中 $U = 8$V，$Z = (1 - j0.5)\,\Omega$，$Z_1 = (1 + j1)\,\Omega$，$Z_2 = (3 - j1)\,\Omega$。求各支路的电流和电路输入导纳，画出电路的相量图。

7－7 已知图 7－27 电路中，$U = 100\text{V}$，$U_C = 100\sqrt{3}\text{V}$，$X_C = -100\sqrt{3}\Omega$，阻抗 Z_x 的阻抗角 $|\varphi_x| = 60°$。求 Z_x 和电路的输入阻抗。

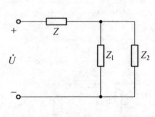
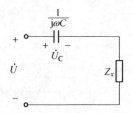

图 7－26　习题 7－6 的图　　　　　　图 7－27　习题 7－7 的图

7－8 图 7－28 所示电路中 $i_s = \sqrt{2}\cos(10^4 t)\,\text{A}$，$Z_1 = (10 + \text{j}50)\,\Omega$，$Z_2 = -\text{j}50\Omega$。求 Z_1、Z_2 吸收的复功率，并验证整个电路复功率守恒，即有 $\sum \bar{S} = 0$。

7－9 图 7－29 所示电路中，$I_s = 10\text{A}$，$\omega = 1000\text{rad/s}$，$R_1 = 10\Omega$，$\text{j}\omega L_1 = \text{j}25\Omega$，$R_2 = 5\Omega - \text{j}\dfrac{1}{\omega C_2} = -\text{j}15\Omega$。求各支路吸收的复功率和电路的功率因数。

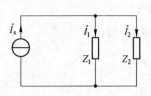
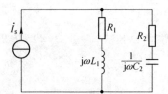

图 7－28　习题 7－8 的图　　　　　　图 7－29　习题 7－9 的图

7－10 图 7－30 所示电路中，$R = 2\Omega$，$\omega_L = 3\Omega$，$\omega_C = 2S$，$\dot{U}_C = 10\angle 45°$。求各元件的电压、电流和电源发出的复功率。

7－11 求图 7－31 所示电路的谐振频率。

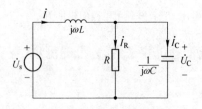
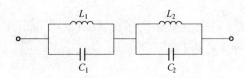

图 7－30　习题 7－10 的图　　　　　　图 7－31　习题 7－11 的图

8 二端口网络

二端口网络理论是分析电路的方法之一。任何电路都可看成是一个"大"网络 N，根据需要可将其划分为若干"小"网络，图 8-1 给出一种常见的划分。图中 N_1、N_2 称为单口网络，N 是对外具有两个端口的网络，称之为二端口网络或双口网络，也简称为双口。

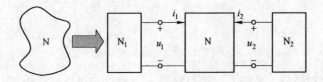

图 8-1 网络的划分

工程上，各个子网络的划分往往是根据其在整个电路中所起的作用不同而进行的。有些子网络本身就是不可分割的整体。图 8-2 即为一例，图中 N_1、N_2 分别为信号源网络和负载网络，而 N 则为放大电路部分。来自 N_1 的信号经 N 放大后传送给 N_2。二端口网络的一个端口是信号源的输入端口，而另一端口则为处理后信号的输出端口。习惯上，称输入端口为端口 1，输出端口为端口 2。当然，N_1、N_2 可能是非线性电阻网络或动态网络，而 N 则可能是含源线性电阻网络。也可能 N_1、N_2 是线性的，而 N 是非线性的。

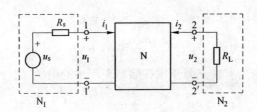

图 8-2 放大网络

如果不关心二端口网络内部电路结构而仅注重外电路对网络的影响，即二端口网络的端口电压、电流分析是主要的甚至是唯一的对象，则二端口网络理论在分析计算电路时显示出极大的方便与简捷。二端口网络理论的数学基础是线性代数中的矩阵理论。二端口网络理论在后继课程，如《低频模拟电路》、《高频电路》中等有重要应用。同时也常用于电路理论的探讨和基本定理的推导中。

8.1 z 参数与 y 参数网络

二端口网络可以用图 8-3 所示的方框图来表示。端口由一对端钮组成，流入其中一个端钮的电流总是等于流出另一个端钮的电流。图中端钮 1 和 1′ 构成输入端口，称为端口 1，其端口电流为 i_1；端钮 2 和 2′ 构成输出端口，称为端口 2，其端口电流为 i_2。二端口网络的每个端口大都只有一个电流变量和一个电压变量，于是二端口网络的 4 个端口变量可记为 u_1、i_1 和 u_2、i_2。以下讨论均假定每一端口的电压、电流参考方向一致，并假定双口是线性的，其中可以含有独立电源。

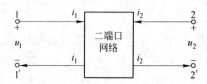

图 8 - 3　二端口网络的变量

8.1.1　z 参数网络

为了方便建立和讨论正弦稳态时双口网络 4 个端口变量之间的关系，一般用相量表示端口变量。如 u、i 用 $\dot{U}$、$\dot{I}$ 表示等，而双口网络 N 亦将用其相量模型 N_ω 表示。

8.1.1.1　二端口网络的流控型伏安关系（VAR）

二端口网络可以在端口施加电压源或电流源，由于两个端口都可以接受外施电源（激励源），因此存在 4 种不同的施加电压源、电流源的方式，从而可得到 4 种不同形式的 VAR（或响应）。

假定在双口 N_ω 两端均施加电流源，如图 8 -4 所示。则在端口 1 产生的电压应由三部分组成：

（1）电流源 $\dot{I}_1$ 单独作用在端口 1 产生的电压 $\dot{U}_{11}$；

（2）电流源 $\dot{I}_2$ 单独作用在端口 1 产生的电压 $\dot{U}_{12}$；

（3）只由网络 N_ω 中所有独立源作用在端口 1 产生的电压 $\dot{U}_{13}$。

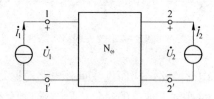

图 8 -4　双口 N_ω 的流控型 VAR

根据叠加原理，端口 1 上的总电压 $\dot{U}_1$ 为：

$$\dot{U}_1 = \dot{U}_{11} + \dot{U}_{12} + \dot{U}_{13}$$

一般写成：
$$\dot{U}_1 = z_{11}\dot{I}_1 + z_{12}\dot{I}_2 + \dot{U}_{oc1} \tag{8-1}$$

式中

$$z_{11} = \left. \frac{\dot{U}_1}{\dot{I}_1} \right|_{\dot{I}_2 = 0,\ \dot{U}_{oc1} = 0}$$

$$z_{12} = \left. \frac{\dot{U}_1}{\dot{I}_2} \right|_{\dot{I}_1 = 0,\ \dot{U}_{oc1} = 0}$$

分别称为双口内部电源置零时（电压源短路，电流源开路，因而 $\dot{U}_{oc1} = 0$），端口 1 的开路策动点阻抗和开路反向转移阻抗；而： $\dot{U}_{oc1} = \dot{U}_{13} = \left. \dot{U}_1 \right|_{\dot{I}_1 = 0,\ \dot{I}_2 = 0}$，为双口网络两端均开路时端口 1 的开路电压。

同理可得端口电压 $\dot{U}_2$ 的表达式为：

$$\dot{U}_2 = z_{21} \dot{I}_1 + z_{22} \dot{I}_2 + \dot{U}_{oc2} \tag{8-2}$$

式中

$$z_{21} = \left. \frac{\dot{U}_2}{\dot{I}_1} \right|_{\dot{I}_2 = 0,\ \dot{U}_{oc2} = 0}$$

$$z_{22} = \left. \frac{\dot{U}_2}{\dot{I}_2} \right|_{\dot{I}_1 = 0,\ \dot{U}_{oc2} = 0}$$

分别称为双口内部电源置零时（因而 $\dot{U}_{oc2} = 0$），端口 2 的开路正向转移阻抗和开路策动点阻抗；而 $\dot{U}_{oc2} = \left. \dot{U}_2 \right|_{\dot{I}_1 = 0,\ \dot{I}_2 = 0}$，为双口网络两端均开路时端口 2 的开路电压。

式（8-1）和式（8-2）式分别为端口 1、2 的 VAR。它们组成了双口网络对 $\dot{U}_1$、$\dot{U}_2$、$\dot{I}_1$、$\dot{I}_2$ 等 4 个端口变量的 2 个约束关系。约束关系是以端口电流为自变量，端口电压为因变量的函数，称为 VAR 的流控形式或流控型 VAR。

VAR 涉及 6 个参数 z_{11}、z_{12}、z_{21}、z_{22} 和 $\dot{U}_{oc1}$、$\dot{U}_{oc2}$，$\dot{U}_{oc1}$ 可以由图 8-5 所示的 3 个电路算得。

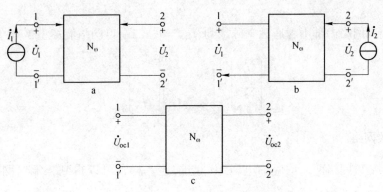

图 8-5   流控型 VAR 参数的确定

a—确定 z_{11}、z_{21}；b—确定 z_{12}、z_{22}；c—确定 $\dot{U}_{oc1}$、$\dot{U}_{oc2}$

8.1.1.2 z 参数矩阵

将式(8-1)、式(8-2)写成矩阵形式:

$$\begin{bmatrix} \dot{U}_1 \\ \dot{U}_2 \end{bmatrix} = \begin{bmatrix} z_{11} & z_{12} \\ z_{21} & z_{22} \end{bmatrix} \begin{bmatrix} \dot{I}_1 \\ \dot{I}_2 \end{bmatrix} + \begin{bmatrix} \dot{U}_{oc1} \\ \dot{U}_{oc2} \end{bmatrix} \qquad (8-3)$$

式(8-3)左边可定义为端口电压相量 $\dot{U} = \begin{bmatrix} \dot{U}_1 & \dot{U}_2 \end{bmatrix}^T$($T$ 代表转置矩阵),右边引入端口电流相量 $\dot{I} = \begin{bmatrix} \dot{I}_1 & \dot{I}_2 \end{bmatrix}^T$ 和开路端口电压相量 $\dot{U}_{oc} = \begin{bmatrix} \dot{U}_{oc1} & \dot{U}_{oc2} \end{bmatrix}^T$,以及矩阵 $Z = (z_{ij})$,则式(8-3)成为矩阵方程:

$$\dot{U} = Z\dot{I} + \dot{U}_{oc} \qquad (8-4)$$

显然,式(8-4)是戴维南定理在网络理论中的推广。这一推广是采用电压相量和电流相量的结果,它描述了端口电压相量与电流相量之间的线性关系。

矩阵 Z 是 2×2 的方阵,其元素 z_{ij} 都是在一定的开路状态下确定的,且具有阻抗的量纲,常称之为开路阻抗矩阵,称其元素为 z 参数。故有时也称矩阵 Z 为 z 参数矩阵。简称为 Z 矩阵。

8.1.1.3 z 参数网络

由式(8-1)和式(8-2)还可得到二端口网络的等效电路,如图8-6所示。该等效电路称为流控型等效电路或 z 参数等效电路,也称为 z 参数网络。该等效电路可视为戴维南电路的推广。由图可见,一般是用受控源来计及一个端口电压受另一个端口电流的影响。

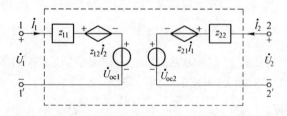

图8-6 z 参数网络

如果二端口网络内部不含有独立源,则 $\dot{U}_{oc} = 0$,二端口网络流控型 VAR 成为:

$$\begin{bmatrix} \dot{U}_1 \\ \dot{U}_2 \end{bmatrix} = \begin{bmatrix} z_{11} & z_{12} \\ z_{21} & z_{22} \end{bmatrix} \begin{bmatrix} \dot{I}_1 \\ \dot{I}_2 \end{bmatrix} \qquad (8-5)$$

8.1.2 y 参数网络

如果在二端口网络两端均施加电压源,与前述一样,可以得到二端口网络的压控型 VAR,结果是:

$$\dot{I}_1 = y_{11} \dot{U}_1 + y_{12} \dot{U}_2 + \dot{I}_{sc1} \qquad (8-6)$$

$$\dot{I}_2 = y_{21}\,\dot{U}_1 + y_{22}\,\dot{U}_2 + \dot{I}_{sc2} \tag{8-7}$$

写成矩阵形式为：

$$\begin{bmatrix} \dot{I}_1 \\ \dot{I}_2 \end{bmatrix} = \begin{bmatrix} y_{11} & y_{12} \\ y_{21} & y_{22} \end{bmatrix} \begin{bmatrix} \dot{U}_1 \\ \dot{U}_2 \end{bmatrix} + \begin{bmatrix} \dot{I}_{sc1} \\ \dot{I}_{sc2} \end{bmatrix} \tag{8-8}$$

其中：

$$y_{11} = \frac{\dot{I}_1}{\dot{U}_1}\bigg|_{\dot{U}_2=0,\,I_{sc1}=0}, \quad y_{12} = \frac{\dot{I}_1}{\dot{U}_2}\bigg|_{\dot{U}_1=0,\,I_{sc1}=0}$$

$$y_{21} = \frac{\dot{I}_2}{\dot{U}_1}\bigg|_{\dot{U}_2=0,\,I_{sc2}=0}, \quad y_{22} = \frac{\dot{I}_2}{\dot{U}_2}\bigg|_{\dot{U}_1=0,\,I_{sc2}=0}$$

$$\dot{I}_{sc1} = \dot{I}_1\bigg|_{\dot{U}_1=0,\,\dot{U}_2=0}$$

$$\dot{I}_{sc2} = \dot{I}_2\bigg|_{\dot{U}_1=0,\,\dot{U}_2=0}$$

二端口网络的压控型 VAR 的矩阵方程为：

$$\dot{\boldsymbol{I}} = \boldsymbol{Y}\dot{\boldsymbol{U}} + \dot{\boldsymbol{I}}_{sc} \tag{8-9}$$

式中，$\dot{\boldsymbol{I}} = [\,\dot{I}_1 \quad \dot{I}_2\,]^T$、$\dot{\boldsymbol{U}} = [\,\dot{U}_1 \quad \dot{U}_2\,]^T$ 分别为端口电流相量和端口电压相量，$\dot{\boldsymbol{I}}_{sc}$ 为端口短路电流相量。矩阵 $\boldsymbol{Y}$ 亦是 2×2 的方阵，其元素 y_{ij} 都是在一定的短路状态下确定的，且具有导纳的量纲，常称之为短路导纳矩阵，称其元素为 y 参数。有时也称矩阵 $\boldsymbol{Y}$ 为 y 参数矩阵，简称为 $\boldsymbol{Y}$ 矩阵。

式(8-9)表明，一个二端口网络可以用短路导纳矩阵 $\boldsymbol{Y}$ 和短路电流相量 $\dot{\boldsymbol{I}}_{sc}$ 来表征。根据压控型 VAR 可得等效电路如图 8-7 所示。称为压控型等效电路或 y 参数等效电路，也称为 y 参数网络。可视为诺顿电路的推广。

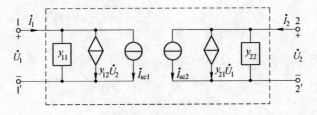

图 8-7 y 参数网络

如果双口网络内部不含有独立源，则压控型 VAR 将为：

$$\begin{bmatrix} \dot{I}_1 \\ \dot{I}_2 \end{bmatrix} = \begin{bmatrix} y_{11} & y_{12} \\ y_{21} & y_{22} \end{bmatrix} \begin{bmatrix} \dot{U}_1 \\ \dot{U}_2 \end{bmatrix} \tag{8-10}$$

式 (8-5) 与式 (8-10) 有时可以简化无源网络电路的运算。

【例8－1】　试求图8－8所示双口网络的z参数。

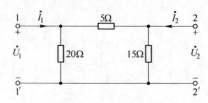

图8－8　例8－1的图

解： 双口网络为纯电阻网络，z参数均为实数且 $\dot{U}_{oc}=0$。端口2开路时，$\dot{I}_2=0$。端口1的等效电阻是20Ω与5Ω、15Ω串联组合相并联构成。即：

$$z_{11}=\left.\frac{\dot{U}_1}{\dot{I}_1}\right|_{\dot{I}_2=0,\ \dot{U}_{oc1}=0}=\frac{20\times20}{40}=10\Omega$$

（1）当 $\dot{I}_2=0$ 时，$\dot{U}_2$ 为 $\dot{U}_1$ 在15Ω电阻上的分压，所以：

$$\dot{U}_2=\frac{15}{15+5}\dot{U}_1=\frac{3}{4}\dot{U}_1=0.75\dot{U}_1$$

$$\dot{I}_1=\frac{\dot{U}_1}{z_{11}}=\frac{\dot{U}_1}{10}$$

因此：

$$z_{21}=\left.\frac{\dot{U}_2}{\dot{I}_1}\right|_{\dot{I}_2=0,\ \dot{U}_{oc2}=0}=\frac{0.75\dot{U}_1}{\dfrac{\dot{U}_1}{10}}=7.5\Omega$$

（2）当 $\dot{I}_1=0$ 时，端口2的等效电阻是15Ω与5Ω、20Ω串联组合相并联构成。即：

$$z_{22}=\left.\frac{\dot{U}_2}{\dot{I}_2}\right|_{\dot{I}_1=0,\ \dot{U}_{oc2}=0}=\frac{15\times25}{40}=\frac{75}{8}=9.375\Omega$$

（3）当 $\dot{I}_1=0$ 时，$\dot{U}_1$ 为 $\dot{U}_2$ 在20Ω电阻上的分压，所以：

$$\dot{U}_1=\frac{20}{20+5}\dot{U}_2=\frac{4}{5}\dot{U}_2=0.8\dot{U}_2$$

$$\dot{I}_2=\frac{\dot{U}_2}{z_{22}}=\frac{\dot{U}_2}{9.375}$$

因此：

$$z_{12}=\left.\frac{\dot{U}_1}{\dot{I}_2}\right|_{\dot{I}_1=0,\ \dot{U}_{oc1}=0}=\frac{0.8\dot{U}_2}{\dfrac{\dot{U}_2}{9.375}}=7.5\Omega$$

请注意：本题所示双口网络 $z_{12}=z_{21}$。

【例8-2】　求图8-9所示电路的压控型VAR。

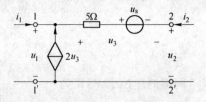

图8-9　例8-2的图

解: 本题需先求*y*参数。给定的双口网络为电阻网络，可用交流瞬时值来计算。

(1) 先令端口2短路，u_s 置零，在端口1施加电压源 u_1，如图8-10a所示。

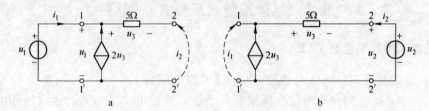

图8-10　求*y*参数用图

a—求 y_{11}、y_{21}；b—求 y_{12}、y_{22}

由图8-10a可知：
$$u_1 = u_3 = -5i_2$$

$$y_{11} = \frac{i_1}{u_1} = \frac{-2u_3 - i_2}{u_1} = \frac{-2u_3 - (-u_3/5)}{u_1} = \frac{-2u_3 + u_3/5}{u_1}$$

因为：
$$u_1 = u_3$$

所以：
$$y_{11} = \frac{-2u_3 + u_3/5}{u_1} = \frac{-2u_1 + u_1/5}{u_1} = -\frac{9}{5}\ \mathrm{S}$$

$$y_{21} = \frac{i_2}{u_1} = \frac{i_2}{-5i_2} = -\frac{1}{5}\ \mathrm{S}$$

(2) 再令端口1短路，u_s 置零，在端口2施加电压源 u_2，如图8-10b所示。于是有：

$$y_{12} = \frac{i_1}{u_2} = \frac{-2u_3 - i_2}{u_2} = \frac{-2u_3 + u_3/5}{u_2}$$

因为：
$$u_2 = -u_3 = 5i_2$$

所以：
$$y_{12} = \frac{-2u_3 + \dfrac{u_3}{5}}{-u_3} = \frac{9}{5}\ \mathrm{S}$$

$$y_{22} = \frac{i_2}{u_2} = \frac{-\dfrac{u_3}{5}}{-u_3} = -\frac{1}{5}\ \mathrm{S}$$

(3) 最后求短路电流 i_{cs}。令原电路两端均短路，如图8-11所示。

由于端口1和2短路，u_3 正负端短接，所以 $u_3 = 0$，并得：

$$u_s = 5i_{sc2} \implies i_{sc2} = \frac{u_s}{5}$$

又由于:

$$i_{sc1} = -i_{sc2}$$

可得:

$$i_{sc1} = -\frac{u_s}{5}$$

最后求得图 8 – 9 所示双口网络的压控型 VAR 为:

$$\begin{bmatrix} i_1 \\ i_2 \end{bmatrix} = \begin{bmatrix} -\dfrac{9}{5} & \dfrac{9}{5} \\[2mm] -\dfrac{1}{5} & \dfrac{1}{5} \end{bmatrix} \begin{bmatrix} u_1 \\ u_2 \end{bmatrix} + \begin{bmatrix} -\dfrac{1}{5}u_s \\[2mm] -\dfrac{9}{5}u_s \end{bmatrix}$$

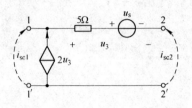

图 8 – 11   求 i_{sc1}、i_{sc2} 的电路

8.2   混合参数（h 参数）网络

8.2.1   二端网络的混合型 VAR

以上讨论的是在双口网络两端都施加电流源或电压源

来得到双口 VAR 的。当然也可以在网络的一个端口施加电流源而另一端口施加电压源来

获得 VAR。如图 8 – 12 所示在双口网络的端口 1 施加电流源 $\dot{I}_1$，在端口 2 施加电压源 $\dot{U}_2$。

于是端口 1 的电压 $\dot{U}_1$ 应由以下三部分组成:

（1）电流源 $\dot{I}_1$ 单独作用在端口 1 产生的电压 $\dot{U}_{11}$；

（2）电压源 $\dot{U}_2$ 单独作用在端口 1 产生的电压 $\dot{U}_{12}$；

（3）只由网络 N_ω 中所有独立源作用在端口 1 产生的电压 $\dot{U}_{13}$。

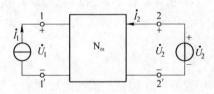

图 8 – 12   求双口 N_ω 的混合 I 型 VAR

于是端口 1 上的总电压 $\dot{U}_1$ 为:

$$\dot{U}_1 = \dot{U}_{11} + \dot{U}_{12} + \dot{U}_{13}$$

一般写成:

$$\dot{U}_1 = h_{11}\dot{I}_1 + h_{12}\dot{U}_2 + \dot{U}_{oc1} \tag{8 – 11}$$

式中

$$h_{11} = \left. \frac{\dot{U}_1}{\dot{I}_1} \right|_{\dot{U}_2 = 0,\ \dot{U}_{oc1} = 0}$$

$$h_{12} = \left. \frac{\dot{U}_1}{\dot{U}_2} \right|_{\dot{I}_1 = 0,\ \dot{U}_{oc1} = 0}$$

分别称为双口内部电源置零时（从而 $\dot{U}_{oc1} = 0$），端口 1 的短路策动点阻抗和开路反向电压转移比。而：$\dot{U}_{oc1} = \dot{U}_{13} = \dot{U}_1 \big|_{\dot{I}_1 = 0,\ \dot{U}_2 = 0}$，为端口 2 短路、端口 1 开路时的开路电压。

同理可得端口电流 $\dot{I}_2$ 的表达式为：

$$\dot{I}_2 = h_{21}\dot{I}_1 + h_{22}\dot{U}_2 + \dot{I}_{sc2} \tag{8－12}$$

式中

$$h_{21} = \left. \frac{\dot{I}_2}{\dot{I}_1} \right|_{\dot{U}_2 = 0,\ \dot{I}_{sc2} = 0}$$

$$h_{22} = \left. \frac{\dot{I}_2}{\dot{U}_2} \right|_{\dot{I}_1 = 0,\ \dot{I}_{sc2} = 0}$$

分别称为双口内部电源置零时（因而 $\dot{I}_{sc2} = 0$），端口 2 的短开路正向电流转移比和开路策动点导纳。而：$\dot{I}_{sc2} = \dot{I}_2 \big|_{\dot{I}_1 = 0,\ \dot{U}_2 = 0}$，为端口 1 开路、端口 2 短路时的短路电流。

式（8－11）和式（8－12）分别为端口 1、2 的 VAR。它们组成了双口网络对 $\dot{U}_1$、$\dot{U}_2$、$\dot{I}_1$、$\dot{I}_2$ 等 4 个端口变量的 2 个约束关系。约束关系是以端口 1 电流 $\dot{I}_1$ 和端口 2 电压 $\dot{U}_2$ 为自变量，$\dot{U}_1$、$\dot{I}_2$ 为因变量的函数，称为混合 Ⅰ 型 VAR。

VAR 涉及 6 个参数，h_{11}、h_{12}、h_{21}、h_{22} 可以由图 8－13a 和图 8－13b 求得。这 4 个参数具有电阻或电导的量纲或为无量纲，被称为混合型（h）参数。而 $\dot{U}_{oc1}$、$\dot{I}_{sc2}$ 可以由图 8－13c 所示的电路算得。

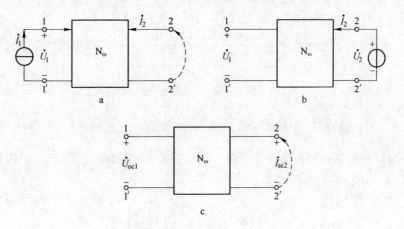

图 8－13 混合 Ⅰ 型 VAR 参数的确定

a—确定 h_{11}、h_{21}；b—确定 h_{12}、h_{22}；c—确定 $\dot{U}_{oc1}$、$\dot{I}_{sc2}$

8.2.2　双口网络混合Ⅰ型 VAR 和 h 参数等效电路

8.2.2.1　双口混合Ⅰ型 VAR

将式(8-11)、式(8-12)写成矩阵形式,得到双口网络的混合Ⅰ型 VAR 为:

$$
\begin{bmatrix} \dot{U}_1 \\ \dot{I}_2 \end{bmatrix} = \begin{bmatrix} h_{11} & h_{12} \\ h_{21} & h_{22} \end{bmatrix} \begin{bmatrix} \dot{I}_1 \\ \dot{U}_2 \end{bmatrix} + \begin{bmatrix} \dot{U}_{oc1} \\ \dot{I}_{sc2} \end{bmatrix} \tag{8-13}
$$

引入 $\boldsymbol{H}$ 矩阵:
$$
\boldsymbol{H} = \begin{bmatrix} h_{11} & h_{12} \\ h_{21} & h_{22} \end{bmatrix}
$$

称为混合Ⅰ型矩阵,其元素为混合型参数,也称为 h 参数。则式(8-13)成为矩阵方程:

$$
\begin{bmatrix} \dot{U}_1 \\ \dot{I}_2 \end{bmatrix} = \boldsymbol{H} \begin{bmatrix} \dot{I}_1 \\ \dot{U}_2 \end{bmatrix} + \begin{bmatrix} \dot{U}_{oc1} \\ \dot{I}_{sc2} \end{bmatrix} \tag{8-14}
$$

若双口网络内部不含独立电源,混合Ⅰ型 VAR 将变成:

$$
\begin{bmatrix} \dot{U}_1 \\ \dot{I}_2 \end{bmatrix} = \boldsymbol{H} \begin{bmatrix} \dot{I}_1 \\ \dot{U}_2 \end{bmatrix} \tag{8-15}
$$

式(8-15)可以简化无源网络电路的运算。

8.2.2.2　h 参数等效电路(h 参数网络)

由式(8-11)和式(8-12)还可得到二端口网络的等效电路,如图8-14所示。该等效电路称为混合Ⅰ型等效电路或 h 参数等效电路,也称为 h 参数网络。后继课程《低频模拟电路》中将使用该等效电路来描述晶体三极管的特性。

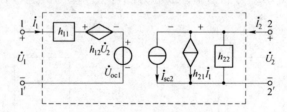

图8-14　h 参数网络

8.2.2.3　h' 参数矩阵

如果在双口网络的端口1施加电压源 $\dot{U}_1$,在端口2施加电流源 $\dot{I}_2$。可以得到双口网络的混合Ⅱ型 VAR,其矩阵形式为:

$$
\begin{bmatrix} \dot{I}_1 \\ \dot{U}_2 \end{bmatrix} = \boldsymbol{H}' \begin{bmatrix} \dot{U}_1 \\ \dot{I}_2 \end{bmatrix} + \begin{bmatrix} \dot{I}_{sc1} \\ \dot{U}_{oc2} \end{bmatrix} \tag{8-16}
$$

式中

$$H' = \begin{bmatrix} h'_{11} & h'_{12} \\ h'_{21} & h'_{22} \end{bmatrix} \tag{8-17}$$

称为混合Ⅱ型矩阵，或 h' 矩阵，其元素称为 h' 参数。读者可自行确定各参数的物理意义，并画出其等效电路。

【例 8-3】 求图 8-15 所示含受控源双口网络在频率为 1MHz 时的 h 参数，已知 $A = 0.1S$。

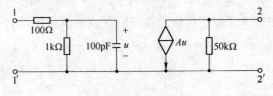

图 8-15 例 8-3 的图

解： 图 8-15 中所示电路常见于晶体三极管电路分析中。作出相量模型后（从略），即可计算 h 参数。

$$h_{11} = \frac{\dot{U}_1}{\dot{I}_1}\bigg|_{\dot{U}_2=0} = 100 + \frac{1}{10^{-3} + j2\pi \times 10^6 \times 10^{-10}}$$

$$= 100 + \frac{10^3}{1 + j0.628} = 817 - j451$$

$$= 933\angle -28.9°\,\Omega$$

h_{11} 代表电路输入阻抗。求 h_{12} 时，令输入端开路，则 $\dot{I}_1 = 0$、$\dot{U}_1 = 0$，有：

$$h_{12} = \frac{\dot{U}_1}{\dot{U}_2}\bigg|_{\dot{I}_1=0} = 0$$

h_{12} 代表输出端对输入端的影响。由于本电路中输入端虽然可通过受控源 Au 对输出端产生影响，但输出端无法影响输入端，故 h_{12} 为零。

为求得 h_{21}，应令输出端短路，从而 $\dot{I}_2 = A\dot{U}$，于是有：

$$h_{21} = \frac{\dot{I}_2}{\dot{I}_1}\bigg|_{\dot{U}_2=0} = \frac{A\dot{U}}{(10^{-3} + j2\pi \times 10^6 \times 10^{-10})\dot{U}} = \frac{0.1}{10^{-3} + j2\pi \times 10^6 \times 10^{-10}}$$

$$= \frac{100}{1 + j0.628} = 71.7 - j45.1 = 84.7\angle -32.1°$$

h_{21} 代表输入端对输出端的影响。表明了输出电流对输入电流的比值，即电流增益。求 h_{22} 时，应令输入端短路，由于 $\dot{U}_1 = 0$、$\dot{I}_1 = 0$、$\dot{U} = 0$，因而：

$$h_{22} = \frac{\dot{I}_2}{\dot{U}_2}\bigg|_{\dot{I}_1=0} = \frac{1}{50 \times 10^3} = 2 \times 10^{-5}S$$

此即为该电路的输出电导。

8.3   二端口网络的传输Ⅰ型和Ⅱ型矩阵

8.3.1   二端口网络的传输Ⅰ型矩阵

8.3.1.1   双口网络传输Ⅰ型 VAR

若以二端口网络的输出端口电压 $\dot{U}_2$ 和电流 $\dot{I}_2$ 为自变量，输入端口电压 $\dot{U}_1$ 和电流 $\dot{I}_1$ 为因变量而建立 VAR，进一步若假定网络是无源的（因为双口内部含独立源的 VAR 用处较少），则形式上可列出 VAR 为：

$$\dot{U}_1 = T_{11}\dot{U}_2 + T_{12}\dot{I}_2 \tag{8-18}$$

$$\dot{I}_1 = T_{21}\dot{U}_2 + T_{22}\dot{I}_2 \tag{8-19}$$

其矩阵方程为：

$$\begin{bmatrix} \dot{U}_1 \\ \dot{I}_1 \end{bmatrix} = \begin{bmatrix} T_{11} & T_{12} \\ T_{21} & T_{22} \end{bmatrix} \begin{bmatrix} \dot{U}_2 \\ \dot{I}_2 \end{bmatrix} \tag{8-20}$$

称为双口网络的传输Ⅰ型 VAR。

引入矩阵：

$$T = \begin{bmatrix} T_{11} & T_{12} \\ T_{21} & T_{22} \end{bmatrix}$$

为传输Ⅰ型矩阵，从而传输Ⅰ型 VAR 的矩阵表达式为：

$$\begin{bmatrix} \dot{U}_1 \\ \dot{I}_1 \end{bmatrix} = T \begin{bmatrix} \dot{U}_2 \\ \dot{I}_2 \end{bmatrix} \tag{8-21}$$

8.3.1.2   双口网络传输Ⅰ型矩阵

二端口传输Ⅰ型 VAR 和矩阵 T 的元素（T_{ij}）可由前述任一形式的双口网络 VAR 求得。以下从不含独立源的 y 参数 VAR 出发来求解。由 y 参数 VAR 已知：

$$\dot{I}_1 = y_{11}\dot{U}_1 + y_{12}\dot{U}_2 \tag{8-22}$$

$$\dot{I}_2 = y_{21}\dot{U}_1 + y_{22}\dot{U}_2 \tag{8-23}$$

由式（8-23）解得：

$$\dot{U}_1 = -\frac{y_{22}}{y_{21}}\dot{U}_2 + \frac{1}{y_{21}}\dot{I}_2$$

代入到式（8-22），整理后得：

$$\dot{I}_1 = \left(y_{12} - \frac{y_{11}y_{22}}{y_{21}} \right)\dot{U}_2 + \frac{y_{11}}{y_{21}}\dot{I}_2$$

令 $\qquad\qquad\qquad A = -\dfrac{y_{22}}{y_{21}} = T_{11} \qquad\qquad B = -\dfrac{1}{y_{21}} = T_{12} \tag{8-23a}$

$$C = y_{12} - \frac{y_{11}y_{22}}{y_{21}} = T_{21} \qquad D = -\frac{y_{11}}{y_{21}} = T_{22} \qquad (8-23\text{b})$$

传输Ⅰ型 VAR 写成:

$$\dot{U}_1 = A\dot{U}_2 + B(-\dot{I}_2) \qquad (8-24)$$

$$\dot{I}_1 = C\dot{U}_2 + D(-\dot{I}_2) \qquad (8-25)$$

也称为正向传输型 VAR。

式（8-24）和式（8-25）中第 2 项之所以出现负号，是因为历史上人们最早研究的便是这种传输型的 VAR（称为双口网络基本方程）。当时假定的电流正方向与现在的规定（图 8-3）刚好相反，为统一起见，所以用（$-\dot{I}_2$）表示流出输出端口的电流。传输Ⅰ型矩阵 **T** 变为:

$$\boldsymbol{T} = \begin{bmatrix} T_{11} & T_{12} \\ T_{21} & T_{22} \end{bmatrix} = \begin{bmatrix} A & B \\ C & D \end{bmatrix}$$

也称为正向传输矩阵或 **T** 矩阵。其元素称为传输参数（**T** 参数）。其中:

$$A = \left.\frac{\dot{U}_1}{\dot{U}_2}\right|_{i_2=0} \qquad B = \left.-\frac{\dot{U}_1}{\dot{I}_2}\right|_{\dot{U}_2=0}$$

$$C = \left.\frac{\dot{I}_1}{\dot{U}_2}\right|_{i_2=0} \qquad D = \left.-\frac{\dot{I}_1}{\dot{I}_2}\right|_{\dot{U}_2=0}$$

可以在输出端口开路或短路的情况下确定这 4 个参数。进而确定式（8-20）和式（8-21）。

8.3.2 二端口网络的传输Ⅱ型矩阵

若以二端口网络的输入端口电压 $\dot{U}_1$ 和电流 $\dot{I}_1$ 为自变量，输出端口电压 $\dot{U}_2$ 和电流 $\dot{I}_2$ 为因变量而建立 VAR，同样假定网络是无源的，则形式上可列出此时的 VAR 为:

$$\dot{U}_2 = T'_{11}\dot{U}_1 + T'_{12}\dot{I}_1 \qquad (8-26)$$

$$\dot{I}_2 = T'_{21}\dot{U}_2 + T'_{22}\dot{I}_1 \qquad (8-27)$$

其矩阵方程为:

$$\begin{bmatrix} \dot{U}_2 \\ \dot{I}_2 \end{bmatrix} = \begin{bmatrix} T'_{11} & T'_{12} \\ T'_{21} & T'_{22} \end{bmatrix} \begin{bmatrix} \dot{U}_1 \\ \dot{I}_1 \end{bmatrix} \qquad (8-28)$$

称为双口网络的传输Ⅱ型 VAR 或反向传输 VAR。

也可以由式（8-22）和式（8-23）求解 $\dot{U}_2$、$\dot{I}_2$ 得到双口网络的反向传输 VAR 为:

$$\dot{U}_2 = A'\dot{U}_1 + B'(-\dot{I}_1) \qquad (8-29)$$

$$\dot{I}_2 = C'\dot{U}_2 + D'(-\dot{I}_1) \qquad (8-30)$$

引入矩阵：

$$T' = \begin{bmatrix} A' & B' \\ C' & D' \end{bmatrix}$$

为传输 Ⅱ 型矩阵，或反向传输矩阵（T' 矩阵），其元素称为反向传输参数。从而传输 Ⅱ 型 VAR 的矩阵表达式为：

$$\begin{bmatrix} \dot{U}_2 \\ \dot{I}_2 \end{bmatrix} = T' \begin{bmatrix} \dot{U}_1 \\ \dot{I}_1 \end{bmatrix} \tag{8-31}$$

必须强调的是，不能根据二端口网络的传输型 VAR 画出等效电路。这是因为同一端口不能同时又加电压、又加电流，即双口网络的传输 Ⅰ 、Ⅱ 型 VAR 不能用外施激励的方法获得。而 z 参数、y 参数、h 及 h' 参数的 VAR 可以从激励－响应的角度获得。因此可以画出相应的等效电路（等效网络）。

双口网络的传输型 VAR 及 T、T' 矩阵在无源网络（例如含有电感或变压器等器件的网络）的研究计算中，有着重要的应用和理论意义。

8.4　互易双口和互易定理

如前所述，当双口网络含有独立源时，VAR 需要用 6 个参数去表征。当双口网络不含独立源时，仅需要 4 个。本节将要讨论对某些不含独立源的双口网络，所需的独立参数还可减少。

定义只含线性非时变二端元件（电阻、电容、电感）、耦合电感和理想变压器的二端口网络为互易（reciprocal）双口，记为 N_r。

含受控源的双口通常是非互易的。例如例 8－1 中的图 8－8 所示双口不含受控源，所以是互易的，且计算结果表明 $z_{12} = z_{21}$；而例 8－2 中的图 8－9 所示双口包含受控源，所以是非互易的，且计算结果亦表明 $y_{12} \neq y_{21}$。上述二例同时给出了互易双口的一个重要特性，即所谓互易定理。

互易定理：对互易双口网络 N_r，下列关系式成立：

$$z_{12} = z_{21} \tag{8-32}$$

$$y_{12} = y_{21} \tag{8-33}$$

$$h_{12} = -h_{21} \tag{8-34}$$

$$h'_{12} = -h'_{21} \tag{8-35}$$

$$\Delta_T = AD - BC = 1 \tag{8-36}$$

$$\Delta_{T'} = A'D' - B'C' = 1 \tag{8-37}$$

根据互易定理，表征互易双口的任一组参数中只有 3 个是独立的。即只需进行 3 次计算或 3 次测量，就足以确定整组的 4 个参数。关于互易定理的证明，请参阅文献［2］。

如果互易网络是对称的，则独立参数还可进一步减少到两个。对称网络指的是，互易网络的两个端口交换后，其端口电压、电流数值不变，则该网络便是对称的。图 8－16 示出了几例对称双口网络。对于对称双口，每组还存在以下附加关系：

$$z_{11} = z_{22} \tag{8-38}$$

$$y_{11} = y_{22} \tag{8-39}$$

$$\Delta_h = h_{11}h_{22} - h_{12}h_{21} = 1 \tag{8-40}$$

$$\Delta_{h'} = h'_{11}h'_{22} - h'_{12}h'_{21} = 1 \tag{8-41}$$

$$A = D \tag{8-42}$$

$$A' = D' \tag{8-43}$$

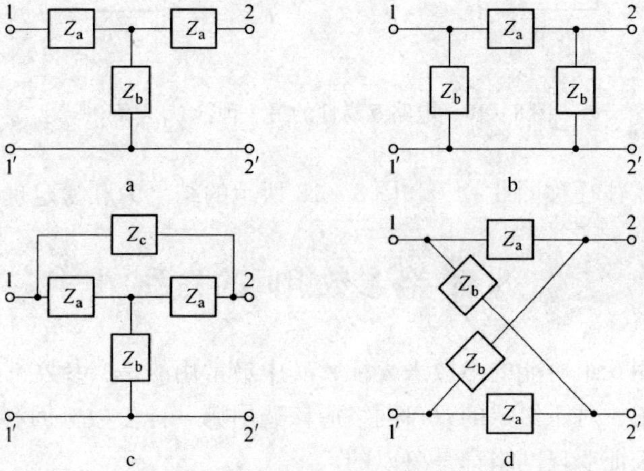

图 8-16 双口对称网络

a—对称 T 形；b—对称 Π 形；c—对称桥 T 形；d—对称格形

根据对称双口网络参数间的附加关系，易知表征对称互易双口的任一组参数中只有两个是独立的。即只需进行两次计算或两次测量，就足以确定整组的 4 个参数。

由互易定理还可以得到电路的另外一些特点，如根据 $y_{21} = y_{12}$ 可以得到：

$$\left.\frac{\dot{I}_2}{\dot{U}_1}\right|_{\dot{U}_2 = 0} = \left.\frac{\dot{I}_1}{\dot{U}_2}\right|_{\dot{U}_1 = 0}$$

从而得到图 8-17 所示的电路。如果 $\dot{U}_1 = \dot{U}_2 = \dot{U}_s$，则 $\dot{I}_1 = \dot{I}_2$。形象地说，这相当于一个电压源和一个电流表可互换端口位置而电流表读数不变。

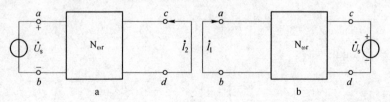

图 8-17 电路互易性的一种：$\dot{I}_1 = \dot{I}_2$

另外，根据 $z_{21} = z_{12}$ 又可以得到：

$$\left.\frac{\dot{U}_1}{\dot{I}_2}\right|_{\dot{I}_1 = 0} = \left.\frac{\dot{U}_2}{\dot{I}_1}\right|_{\dot{I}_2 = 0}$$

从而得到图 8 - 18 所示的电路。如果 $\dot{I}_1 = \dot{I}_2 = \dot{I}_s$，则 $\dot{U}_1 = \dot{U}_2$。形象地说，这相当于一个电流源和一个电压表可互换端口位置而电压表读数不变。

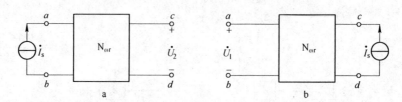

图 8 - 18   电路互易性的另一种：$\dot{U}_1 = \dot{U}_2$

在一些资料中，往往称图 8 - 17 和图 8 - 18 所示的结果为互易定理。

8.5   各参数组间的关系

双口网络可以用 6 组可能的参数来表征，其中最常用的是 z 参数、y 参数、h 参数和 T 参数。问题是实用中，对于给定的双口网络应该选用哪一种参数？回答是根据需要，无论采用哪一种参数来表征双口网络都是可以的。

事实上，通过 8 - 3 节的讨论，已经知道双口网络的 T 参数可由 y 参数获得。同理，当已知这 6 组参数中的一组，便可用它来推得其他任意一组参数，即各参数组之间是可以等效替换的。因此可根据不同的情况和条件来选择更适合于电路分析的参数。例如，h 参数广泛应用于低频晶体三极管的电路分析中。这是因为对三极管而言，h 参数最容易测量，且具有明显的物理意义。

【例 8 - 4】 试由 z 参数求 h 参数。

解：已知：

$$\dot{U}_1 = z_{11} \dot{I}_1 + z_{12} \dot{I}_2 \tag{8-44}$$

$$\dot{U}_2 = z_{21} \dot{I}_1 + z_{22} \dot{I}_2 \tag{8-45}$$

由式（8 - 45）解得：

$$\dot{I}_2 = -\frac{z_{21}}{z_{22}} \dot{I}_1 + \frac{1}{z_{22}} \dot{U}_2 = h_{21} \dot{I}_1 + h_{22} \dot{U}_2 \tag{8-46}$$

代入到式（8 - 44）可得：

$$\dot{U}_1 = \left(z_{11} - \frac{z_{12}z_{21}}{z_{22}} \right) \dot{I}_1 + \frac{z_{12}}{z_{22}} \dot{U}_2 = h_{11} \dot{I}_1 + h_{12} \dot{U}_2 \tag{8-47}$$

由式（8 - 46）和式（8 - 47）可知：

$$h_{11} = -\frac{z_{11}z_{22} - z_{12}z_{21}}{z_{22}} = \frac{\Delta_z}{z_{22}} \qquad h_{12} = -\frac{z_{12}}{z_{22}} \tag{8-48}$$

$$h_{21} = -\frac{z_{21}}{z_{22}} \qquad h_{12} = \frac{1}{z_{22}} \tag{8-49}$$

式中 $\Delta_z = z_{11}z_{22} - z_{12}z_{21}$，称为 z 矩阵的行列式。

照此办理，可以求得各组参数间的关系如表 8-1 所示。

表 8-1 各组参数间的关系

	Z	Y	T	H
Z	$\begin{bmatrix} z_{11} & z_{12} \\ z_{21} & z_{22} \end{bmatrix}$	$\begin{bmatrix} \dfrac{y_{22}}{\Delta_y} & \dfrac{-y_{12}}{\Delta_y} \\ \dfrac{-y_{21}}{\Delta_y} & \dfrac{y_{11}}{\Delta_y} \end{bmatrix}$	$\begin{bmatrix} \dfrac{A}{C} & \dfrac{\Delta_T}{C} \\ \dfrac{1}{C} & \dfrac{D}{C} \end{bmatrix}$	$\begin{bmatrix} \dfrac{\Delta_h}{h_{22}} & \dfrac{h_{12}}{h_{22}} \\ \dfrac{h_{22}}{h_{22}} & \dfrac{1}{h_{22}} \end{bmatrix}$
Y	$\begin{bmatrix} \dfrac{z_{22}}{\Delta_z} & \dfrac{-z_{12}}{\Delta_z} \\ \dfrac{-z_{21}}{\Delta_z} & \dfrac{z_{11}}{\Delta_z} \end{bmatrix}$	$\begin{bmatrix} y_{11} & y_{12} \\ y_{21} & y_{22} \end{bmatrix}$	$\begin{bmatrix} \dfrac{D}{B} & \dfrac{-\Delta_T}{B} \\ -\dfrac{1}{B} & \dfrac{A}{B} \end{bmatrix}$	$\begin{bmatrix} \dfrac{1}{h_{11}} & -\dfrac{h_{12}}{h_{11}} \\ \dfrac{h_{21}}{h_{11}} & \dfrac{\Delta_h}{h_{11}} \end{bmatrix}$
T	$\begin{bmatrix} \dfrac{z_{11}}{z_{21}} & \dfrac{\Delta_z}{z_{21}} \\ \dfrac{1}{z_{21}} & \dfrac{z_{22}}{z_{21}} \end{bmatrix}$	$\begin{bmatrix} \dfrac{-y_{22}}{y_{21}} & \dfrac{-1}{y_{21}} \\ \dfrac{-\Delta_y}{y_{21}} & \dfrac{-y_{11}}{y_{21}} \end{bmatrix}$	$\begin{bmatrix} A & B \\ C & D \end{bmatrix}$	$\begin{bmatrix} \dfrac{\Delta_h}{h_{21}} & \dfrac{-h_{11}}{h_{21}} \\ \dfrac{-h_{22}}{h_{21}} & -\dfrac{1}{h_{21}} \end{bmatrix}$
H	$\begin{bmatrix} \dfrac{\Delta_z}{z_{22}} & \dfrac{z_{12}}{z_{22}} \\ \dfrac{-z_{21}}{z_{22}} & \dfrac{1}{z_{22}} \end{bmatrix}$	$\begin{bmatrix} \dfrac{1}{y_{11}} & \dfrac{-y_{12}}{y_{11}} \\ \dfrac{y_{21}}{y_{11}} & \dfrac{\Delta_y}{y_{11}} \end{bmatrix}$	$\begin{bmatrix} \dfrac{B}{D} & \dfrac{\Delta_T}{D} \\ \dfrac{-1}{D} & \dfrac{C}{D} \end{bmatrix}$	$\begin{bmatrix} h_{11} & h_{12} \\ h_{21} & h_{22} \end{bmatrix}$
互易条件	$z_{12} = z_{21}$	$y_{12} = y_{21}$	$\Delta_T = 1$	$h_{12} = -h_{21}$
对称条件	$z_{11} = z_{22}$	$y_{11} = y_{22}$	$A = D$	$\Delta_h = 1$

表 8-1 中上面一行为源矩阵，下面 4 行为目的矩阵，表中任一行的各矩阵相等。已知一组参数后，通过查表可很方便地得到任一一组参数。其中 Δ_z 是 z 参数矩阵行列式，Δ_y 是 y 参数矩阵行列式等。

【例 8-5】 求图 8-19 所示二端口网络的 $\boldsymbol{Z}$、$\boldsymbol{Y}$ 和 $\boldsymbol{T}$ 等 3 个矩阵。

解： 根据 8.1 节所述方法可求得网络的 $\boldsymbol{Z}$ 矩阵为：

$$Z = \begin{bmatrix} 1 & \dfrac{3}{2} \\ 0 & \dfrac{1}{2} \end{bmatrix}$$

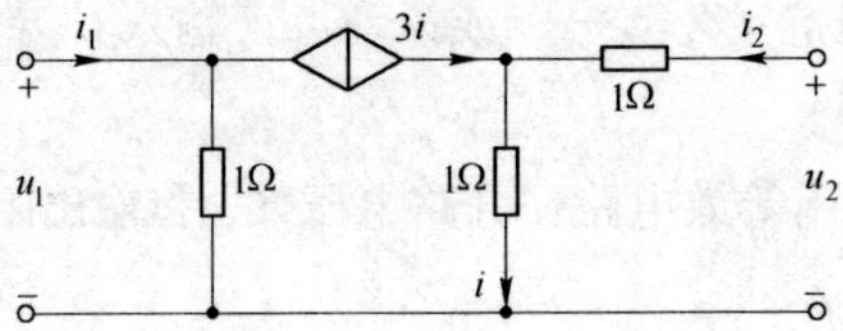

图 8-19 例 8-5 的图

因为：
$$\Delta_z = z_{11}z_{22} - z_{12}z_{21} = \frac{1}{2}$$

经查表得 Y 矩阵为：

$$Y = \begin{bmatrix} \dfrac{1}{2} \times 2 & -\dfrac{3}{2} \times 2 \\ 0 & 1 \times 2 \end{bmatrix} = \begin{bmatrix} 1 & -3 \\ 0 & 2 \end{bmatrix}$$

又因为：
$$z_{21} = 0$$

所以 T 矩阵不存在。

8.6　具有端接的二端口网络

前几节讨论了二端口网络本身的若干特点。实际电路问题中，双口往往是电路的一部分，它以"黑箱"形式出现，其内部情况不明。一种最简单的情形就是所谓端接情况，如图 8-20 所示。图中双口起着对信号进行处理（放大、滤波等）等作用。$\dot{U}_s$ 表示信号源相量，Z_s 表示信号源内阻抗，Z_L 表示负载阻抗。如果采用 z 参数，则双口 $N_{0\omega}$ 的 VAR 可表示为：

$$\dot{U}_1 = z_{11}\dot{I}_1 + z_{12}\dot{I}_2 \tag{8-50}$$

$$\dot{U}_2 = z_{21}\dot{I}_1 + z_{22}\dot{I}_2 \tag{8-51}$$

再加上双口两端外接电路的 VAR：

$$\dot{U}_1 = \dot{U}_s - Z_s\dot{I}_1 \tag{8-52}$$

$$\dot{U}_2 = -Z_L\dot{I}_2 \tag{8-53}$$

共得到 4 个联立方程，可解出 4 个端口电压、电流变量 $\dot{U}_1$、$\dot{U}_2$、$\dot{I}_1$ 和 $\dot{I}_2$。

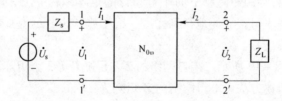

图 8-20　端接的双口网络

作为信号处理电路，往往需要研究 $N_{0\omega}$ 的下列几项内容：

（1）策动点（输入）阻抗：$Z_i = \dfrac{\dot{U}_1}{\dot{I}_1}$，或策动点（输入）导纳；

（2）对负载而言的戴维南等效电路：开路电压 $\dot{U}_{oc}$ 和输出阻抗 Z_o；

（3）电压转移比：$A_u = \dfrac{\dot{U}_2}{\dot{U}_1}$；

（4）电流转移比：$A_i = \dfrac{\dot{I}_2}{\dot{I}_1}$。

二端口网络策动点阻抗或输入阻抗为 $Z_i = \dfrac{\dot{U}_1}{\dot{I}_1}$，是输入端口电压 $\dot{U}_1$ 与输入端口电流 $\dot{I}_1$ 之比，策动点导纳或输入导纳 Y_i 则是其倒数。

将式(8-53)代入式(8-51)，消去 $\dot{U}_2$，可得：

$$z_{21}\dot{I}_1 + (z_{22} + Z_L)\dot{I}_2 = 0$$

从而有电流转移比：

$$A_i = \frac{\dot{I}_2}{\dot{I}_1} = -\frac{z_{21}}{z_{22} + z_L} \qquad (8-54)$$

将式(8-50)两边除以 $\dot{I}_1$，得到：

$$Z_i = \frac{\dot{U}_1}{\dot{I}_1} = z_{11} + z_{12}\frac{\dot{I}_2}{\dot{I}_1} \qquad (8-55)$$

将式(8-54)代入得：

$$Z_i = z_{11} - \frac{z_{12}z_{21}}{z_{22} + Z_L} = \frac{z_{11}Z_L + \Delta_z}{z_{22} + Z_L} \qquad (8-56)$$

式(8-56)表明，输入阻抗可用 z 参数和负载阻抗 Z_L 表示，一般是频率的函数。对信号源来说，双口及其端接的负载一起构成了信号源的负载，其数值由式（8-56）确定。

对负载而言，双口及其端接的电源可以表示为戴维南电路或诺顿电路，其中输出阻抗 Z_o 是电源置零后、由输出端口向输入端看去的等效阻抗，因此仿照式（8-56）的推导方法，可求得：

$$Z_o = z_{22} - \frac{z_{12}z_{21}}{z_{11} + Z_s} = \frac{z_{22}Z_s + \Delta_z}{z_{11} + Z_s} \qquad (8-57)$$

由式(8-57)可见，输出阻抗与信号源内阻抗有关。

由于戴维南等效电压源的电压即负载端口的开路电压 $\dot{U}_{oc}$，在 $\dot{I}_2 = 0$ 的条件下，不难由式(8-50)、式(8-51)和式(8-52)得到：

$$\dot{U}_{oc} = \frac{z_{21}}{z_{11} + Z_s}\dot{U}_s \qquad (8-58)$$

据此，可以推导出电压转移比 A_u。过程如下：

以式(8-53)代入式(8-51)得：

$$\dot{U}_2 = z_{21}\dot{I}_1 + z_{22}\left(-\frac{\dot{U}_2}{Z_L}\right) \qquad (8-59)$$

联合式(8-53)及式(8-50)可得：

$$z_{11} \dot{I}_1 = \dot{U}_1 - z_{12}\left(-\frac{\dot{U}_2}{Z_L}\right)$$

即

$$\dot{I}_1 = \frac{\dot{U}_1}{z_{11}} + \frac{z_{12}}{z_{11}}\frac{\dot{U}_2}{Z_L} \tag{8-60}$$

将式(8-60)代入式(8-59)即可得到:

$$A_u = \frac{\dot{U}_2}{\dot{U}_1} = \frac{z_{21}Z_L}{z_{11}Z_L + z_{11}z_{22} - z_{12}z_{21}} = \frac{z_{21}Z_L}{z_{11}Z_L + \Delta_z} \tag{8-61}$$

至此,所关心的 4 个量全部算出。并且这 4 个量均可用双口的 z 参数和两端端接的电源内阻抗 Z_s 以及负载阻抗 Z_o 来表示。当然也可以采用其他参数(如 y 参数、h 参数等)来表示,其结果类似。有兴趣的读者可参阅文献 [2]。

8.7　电　路　设　计

8.7.1　阻抗匹配电路设计

【例 8-6】　如有一角频率为 $\omega = 5 \times 10^7 \mathrm{rad/s}$、等效内阻为 60Ω 的信号源,供给一电阻为 600Ω 的负载,为使信号源与负载完全匹配,并使负载获得最大功率,需要一电抗电路(选图 8-21 所示的 LC 结构)接于信号源与负载之间,试设计这个阻抗匹配电路。

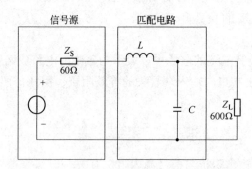

图 8-21　例 8-6 的图

解: 为使 LC 电路两个端口完全匹配,必须有:

$$Z_S = Z_{C1} = \sqrt{Z_{in\infty}Z_{in0}} = \sqrt{\left(j\omega L + \frac{1}{j\omega C}\right)j\omega L} = 60$$

$$Z_L = Z_{C2} = \sqrt{Z_{out\infty}Z_{out0}} = \sqrt{\frac{1}{j\omega C} \cdot \frac{j\omega L \frac{1}{j\omega C}}{j\omega L + \frac{1}{j\omega C}}} = 600$$

解得:

$$L = 3.6\mu\mathrm{H}, \quad C = 100\mathrm{pF}$$

由于阻抗匹配电路由纯电抗元件构成，本身不消耗功率，因而这个电路不仅使得电路处于完全匹配状态，而且也使得负载电阻从信号源获得最大功率。

8.7.2 衰减器电路设计

在电子设备或仪器中，为了调节信号的电平（如音量调节等），常用电阻组成衰减器。由于没有电抗元件，电路能在很宽的频率范围内实现阻抗匹配。在设计衰减器时，常用的参数为功率比：

$$k_P = \frac{电路输入功率\ P_1}{电路输出功率\ P_2}$$

由于衰减器是纯电阻电路，其特性阻抗均为纯电阻，所以电路的输入功率 $P_1 = U_1 I_1$，输出功率 $P_2 = U_2 I_2$。

为了保证信号无反射衰减，要求电路必须完全匹配。常用的衰减器有 T 形、Ⅱ 形和桥 T 形等。为简便，下面以对称 T 形衰减器为例进行讨论，如图 8－22 所示，其特性阻抗为：$Z_{C1} = Z_{C2} = Z_C = \sqrt{Z_{in\infty} Z_{in0}} = \sqrt{(R_1 + R_2)(R_1 + R_1//R_2)} = \sqrt{R_1^2 + 2R_1 R_2}$

并且 $U_C = Z_C I_1$，$U_1 = Z_L I_2 = Z_C I_2$，所以：

$$\sqrt{k_P} = \sqrt{\frac{U_1 I_1}{U_2 I_2}} = \frac{U_1}{U_2} = \frac{I_1}{I_2}$$

令电压比（或电流比）为 k（也称为电压衰减倍数）。

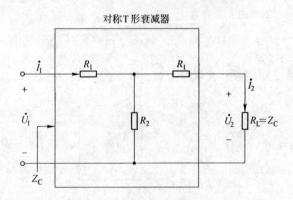

图 8－22　对称 T 形衰减电路

由图 8－22，利用分流公式，有：

$$I_2 = \frac{R_2}{R_1 + R_2 + Z_C} I_1$$

即：

$$k = \frac{I_1}{I_2} = \frac{R_1 + R_2 + Z_C}{R_2}$$

由上式联立可解得：

$$R_1 = Z_C \frac{k-1}{k+1}$$

$$R_2 = Z_C \frac{2k}{k^2 - 1}$$

－·－+－·－+－·－+－·－+－·－+－·－+－·－+－·－+－·－+－·－+－·－+－·－+－·－+－·－+－·－+－·－+－·－

习　题

8－1　试确定图 8－23 所示双口网络的 z 参数，已知 $\mu = \dfrac{1}{60}$。

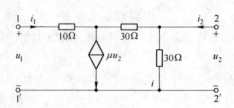

图 8－23　习题 8－1 的图

8－2　电路如图 8－23 所示，求双口网络的 y 参数。

8－3　试利用式（8－23a）和式（8－23b），结合式（8－33）和式（8－39）。证明：若双口网络是互易的，则 $\Delta_T = AD - BC = 1$；若双口互易网络是对称的，则 $A = D$。

8－4　试证明表 8－1 中 h 参数对称条件为 $\Delta_h = 1$。已知 y 参数的 $y_{11} = y_{22}$。

8－5　求例 8－1 电路的 h 参数。

8－6　电路如图 8－24 所示，双口的 h 参数为：

$$h_{11} = 14\Omega \quad h_{12} = \frac{2}{3} \quad h_{21} = -\frac{2}{3} \quad h_{22} = \frac{1}{9}S$$

求 $\dot{U}_o$（提示：先将 h 参数变为 z 参数，然后用式（8－61）求解）。

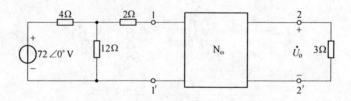

图 8－24　习题 8－6 的图

8－7　端接双口网络如图 8－25 所示。已知：$\dot{U}_s = 500V$、$Z_s = 500\Omega$、$Z_L = 5k\Omega$，双口的 z 参数为 $z_{11} = 100\Omega$、$z_{12} = -500\Omega$、$z_{21} = 1k\Omega$、$z_{22} = 10k\Omega$。

试求：

（1）$\dot{U}_2$；

（2）负载的功率；

（3）输入端口的功率；

（4）获得最大功率时的负载阻抗；

（5）负载获得的最大功率。

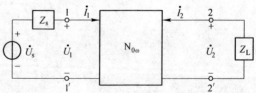

图 8－25　习题 8－7 的图

9　含有运算放大器的电阻电路

本章导读

运算放大器（Operational Amplifier，Op Amp）简称运放，是一种常用的多端器件。本章主要介绍运算放大器的电气特性和电路模型，以及含有运算放大器的电阻电路的分析。

9.1　运算放大器

9.1.1　运算放大器的组成及作用

运算放大器简称运放，是一种多端集成电路，通常有数十个晶体管和一些电阻构成。它可以进行模拟信号的各种运算，例如求和、微分、积分等。20世纪60年代以来，运算放大器的集成度越来越高，稳定性越来越好，因而得到广泛的应用。

9.1.2　运算放大器的电气特性

运算放大器的内部结构比较复杂，但制成的运算放大器只有几个端子和外部电路相连接，如图 9-1a 所示。它有两个输入端（a，b），一个输出端（o）和两个电源端。图中标有"$-$"号的输入端，称为反相输入端；标有"$+$"号的输入端，称为同相输入端。E^+接正电源，E^-接负电源。

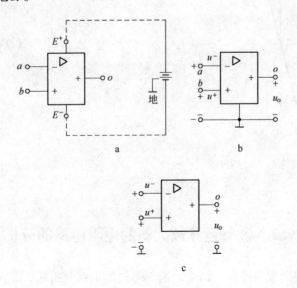

图 9-1　运算放大器

运算放大器正常工作时，需要直流电源供电，如图 9-1b 所示。u_-、u_+ 和 u_o 分别表示反相输入端、同相输入端和输出端的对地电压。如果在同相输入端与反相输入端分别加输入电压 u_+ 和 u_-，则有 $u_o = A(u_+ - u_-) = Au_d$，$u_d = u_+ - u_-$ 称为差模输入电压，A 为运放的电压放大倍数（或电压增益的绝对值）。

运放的输出电压 u_o 与差模输入电压 u_d 之间的关系可以用图 9-2 近似地描述。在 $-\varepsilon \leqslant u_d \leqslant \varepsilon$（$\varepsilon$ 是很小的）范围内，u_o 与 u_d 的关系用通过原点的一段直线描述，其斜率等于放大倍数 A。由于 A 值很大，所以这段直线很陡。当 $|u_d| > \varepsilon$ 时，输出电压 u_o 趋于饱和，图中用 $\pm u_{sat}$ 表示，此饱和电压值略低于直流偏置电压值。这个关系曲线称为运放的外特性。

9.1.3 运算放大器的电路模型

运算放大器的电路模型如图 9-3 所示，输出与输入电压间关系用压控电压源来表示，$A(u_+ - u_-)$ 为受控源的电压；R_i 为输入电阻，其值很大，通常为 $10^6 \sim 10^{13}\Omega$；R_o 为输出电阻，其值较小，通常为 $10 \sim 100\Omega$。当运放工作在线性范围内，由于放大倍数 A 很大，而 u_o 为有限值，一般只有十几伏，所以根据公式 $u_o = A(u_+ - u_-) = Au_d$ 可知，u_d 就很小，而运算放大器的输入电阻又很大，故运放两个输入端电流 i_+ 和 i_- 也很小。这样，我们可以将运算放大器理想化，即认为 $A \to \infty$、$R_i \to \infty$、$R_o = 0$。由此可得 $u_d = 0$，即 $u_+ = u_-$，这一情形常称为理想运算放大器的"虚短路"；同时有 $i_+ = i_- = 0$，这一情形称为理想运算放大器的"虚断路"。分析含有理想运算放大器电路的关键之处就是"虚短路"和"虚断路"。这将在下一节中具体介绍。

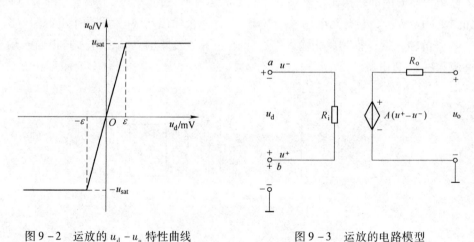

图 9-2 运放的 $u_d - u_o$ 特性曲线   图 9-3 运放的电路模型

9.2 含有运算放大器的电阻电路的分析

本节将根据理想运放的性质，结合之前学习过的电路分析法，举例分析几种常见的运放电路。

9.2.1 反相比例器

利用理想运放输入端口的"虚断路"特性，以及图 9-4 所示反向比例器电路中结点 ①的 KCL 方程，可得：

$$i_+ = i_- = 0$$

$$i_1 = i_2 + i_-$$

$$i_1 = \frac{u_i}{R_1} = i_2 = \frac{-u_o}{R_2}$$

解得：

$$\frac{u_o}{u_i} = -\frac{R_2}{R_1}$$

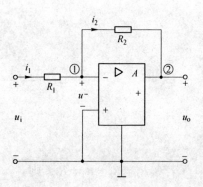

9.2.2 同相比例器

同相比例器的电路如图 9-5 所示，利用理想运放"虚断路"的特性（$i_+ = i_- = 0$），有：

$$u_2 = \frac{u_o R_1}{R_1 + R_2}$$

利用理想运放"虚短路"的特性（$u_+ = u_-$），有：

$$u_i = u_+ = u_- = u_2$$

$$u_i = \frac{u_o R_1}{R_1 + R_2}$$

即：

$$\frac{u_o}{u_i} = 1 + \frac{R_2}{R_1}$$

图 9-4 反向比例器

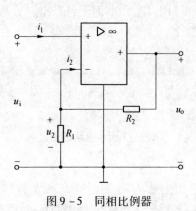

图 9-5 同相比例器

9.2.3 加法器

利用理想运放"虚断路"的特性，以及图 9-6 所示加法器电路中的结点①的 KCL 方程，可得：

$$i = i_1 + i_2 + i_3$$

即：

$$-\frac{u_o - u_-}{R_f} = \frac{u_1 - u_-}{R_1} + \frac{u_2 - u_-}{R_2} + \frac{u_3 - u_-}{R_3}$$

利用理想运放"虚短路"的特性，可得：

$$u_- = 0$$

所以：

$$-\frac{u_o}{R_f} = \frac{u_1}{R_1} + \frac{u_2}{R_2} + \frac{u_3}{R_3}$$

$$u_o = -R_f \left(\frac{u_1}{R_1} + \frac{u_2}{R_2} + \frac{u_3}{R_3} \right)$$

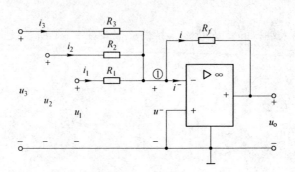

图 9-6　加法器

若令 $R_1 = R_2 = R_3 = R_f$，则：

$$u_o = -(u_1 + u_2 + u_3)$$

由以上几个例子可看出，合理地运用理想运放的两个性质，可使这类电路的分析大为简化。

习　　题

9-1　设图 9-7 所示电路的输出 u_o 为：

$$u_o = -3u_1 - 0.2u_2$$

已知 $R_3 = 10\text{k}\Omega$，求 R_1 和 R_2。

9-2　图 9-8 所示电路起减法作用，求输出电压 u_o 和输入电压 u_1、u_2 之间的关系。

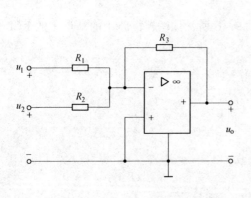

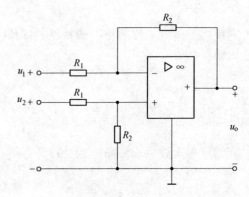

图 9-7　习题 9-1 的图　　　　　　　图 9-8　习题 9-2 的图

9-3　求图 9-9 所示电路的电压比值 $\dfrac{u_o}{u_1}$。

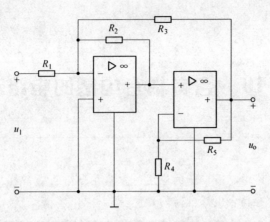

图 9 – 9　习题 9 – 3 的图

9 – 4　求图 9 – 10 所示电路的电压比 $\dfrac{u_o}{u_s}$。

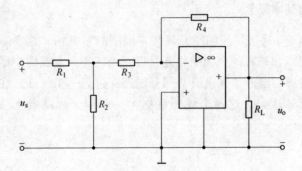

图 9 – 10　习题 9 – 4 的图

9 – 5　求图 9 – 11 所示电路的 u_o 与 u_{s1}、u_{s2} 之间的关系。

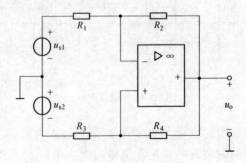

图 9 – 11　习题 9 – 5 的图

10　含有耦合电感的电路

本章导读

　　互感现象在交流电路中有着广泛的应用，本章在介绍互感系数、耦合系数及互感连接的基础上，重点介绍含有耦合电感电路的计算。

10.1　耦　合　电　感

10.1.1　耦合电感的基本概念

　　众所周知，当电流 i 通过一线圈时，就在它周围产生磁场。在实际电路中，常常遇到一些相邻线圈的情况。如果有两个线圈相互靠近，当任意一个线圈中通过电流时，除了在其自身线圈中产生自感磁通外，还会有一部分磁通穿过另一个线圈，在两个线圈之间形成磁的耦合，或称为互感现象。这两个线圈就称为一对耦合线圈或互感线圈，如图 10 - 1 所示。

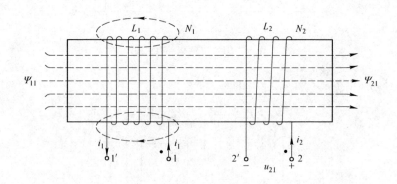

图 10 - 1　耦合电感

　　在图 10 - 1 中，设两线圈的匝数为 N_1、N_2，分别通入电流 i_1、i_2，根据右手螺旋定则就可以判定电流变化产生的磁通方向和相互交链情况。电流 i_1 产生穿过自身线圈 N_1 的磁链 Ψ_{11} 称为自感磁链，Ψ_{11} 穿过线圈 N_2 产生的磁链 Ψ_{21} 称为互感磁链。同理 Ψ_{22} 也称为自感磁链，Ψ_{12} 也称为互感磁链。每个耦合线圈中的磁链等于自感磁链和互感磁链的代数和。设 N_1 线圈中的磁链为 Ψ_1，N_2 线圈中的磁链为 Ψ_2，则有：

$$\Psi_1 = \Psi_{11} \pm \Psi_{12}$$
$$\Psi_2 = \Psi_{22} \pm \Psi_{21}$$

其中自感磁链为：

$$\Psi_{11} = L_1 i_1, \quad \Psi_{22} = L_2 i_2$$

L_1、L_2 为两线圈各自的自感系数，简称自感，单位为亨利（Henry），符号为 H。

互感磁链为：

$$\Psi_{12} = M_{12} i_2, \quad \Psi_{21} = M_{21} i_1$$

M_{12}、M_{21} 为互感系数，简称互感，单位为亨利（Henry），符号为 H。如果线圈周围的磁介质都是线性的，M_{12} 和 M_{21} 就都是常数。由电磁场理论可以证明 M_{12} 和 M_{21} 相等，即 $M_{12} = M_{21} = M$，其大小表明一个线圈中的电流在另一个线圈中建立磁场的能力，M 越大，能力越强。

综上所述，两个耦合线圈的磁链可表示为：

$$\Psi_1 = L_1 i_1 \pm M i_2$$
$$\Psi_2 = L_2 i_2 \pm M i_1$$

如果互感磁链与自感磁链方向一致，表示互感可以增强磁场，取"＋"号；如果互感磁链与自感磁链方向相反，表示互感可以削弱磁场，取"－"号。同时，为了表示两个线圈磁耦合的紧密程度，引入一个系数 k，称为耦合系数。它是这样定义的：设两个线圈的自感分别为 L_1、L_2，两个线圈间的互感为 M，则耦合系数为：

$$k^2 = \frac{M^2}{L_1 L_2} \quad \text{或} \quad k = \frac{M}{\sqrt{L_1 L_2}}$$

耦合系数越大，表明两个线圈的磁耦合越紧密，而且有 $0 \leqslant k \leqslant 1$。当 $k = 1$ 时，称耦合线圈为全耦合状态，最紧密、无漏磁现象，此时互感系数最大；当 $k = 0$ 时，称耦合线圈为无耦合状态，线圈间互不影响。

10.1.2 耦合电感的伏安关系

当电流 i_1 和 i_2 随时间变化时，线圈中磁场及其磁链也随时间变化，将在线圈中产生感应电动势。若不计线圈电阻，则在线圈两端出现与感应电动势量值相同的电压。耦合电感的电路模型如图 10-2 所示。在忽略实际耦合线圈电阻的情况下，一对耦合线圈的电压电流关系可由以下公式描述：

$$u_1 = L_1 \frac{\mathrm{d}i_1}{\mathrm{d}t} \pm M \frac{\mathrm{d}i_2}{\mathrm{d}t}$$

$$u_2 = L_2 \frac{\mathrm{d}i_2}{\mathrm{d}t} \pm M \frac{\mathrm{d}i_1}{\mathrm{d}t}$$

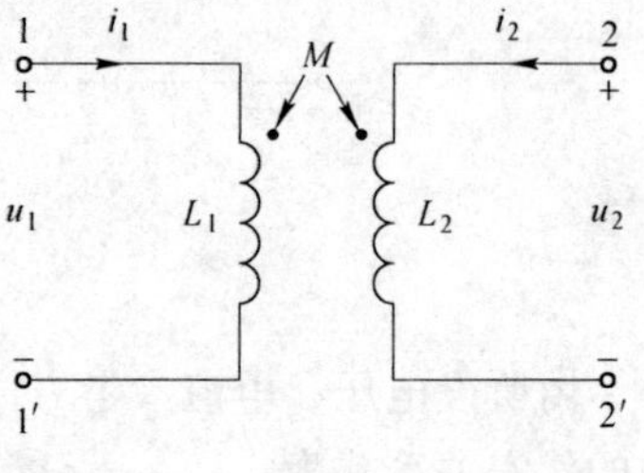

图 10-2 耦合电感的电路模型

每个线圈的电压均由自感磁链产生的自感电压和互感磁链产生的互感电压两部分组成，互感电压可能取"＋"，也可能取"－"，这与两个线圈的相对位置和绕法有关，也与电压、电流的参考方向选取有关。为了在看不见线圈相对位置和绕法的情况下，确定互感电压的正负，引入了同名端的概念，即在耦合线圈的两个端钮上标注一对特殊的符号。

互感线圈的同名端是这样规定的：当电流分别从两线圈各自的某端同时流入（或流出）时，若两者产生的磁通相互增强，则这两端称为互感线圈的同名端，用"·"或"＊"标注。如图 10-2 中，12、$1'2'$ 为同名端，$12'$、$1'2$ 为异名端。

由以上内容可得出如下结论：

（1）两个耦合线圈作为二端口元件，其端口电压为自感电压与互感电压的代数和。

（2）自感电压与本线圈电流有关，其正负号取决于各线圈本身的电压电流是否为关联参考方向。若关联，则为正；反之，为负。

（3）互感电压与另一个线圈的电流有关，其正负与互感线圈的同名端位置及各自线圈的电流方向有关。若互感电压"+"极性端子与产生它的电流流进的端子为一对同名端，互感电压取"+"号，反之应取"-"号。

工作在正弦稳态条件下的耦合电感，其电压、电流关系相应的相量表示式为：

$$\dot{U}_1 = j\omega L_1 \dot{I}_1 \pm j\omega M \dot{I}_2$$

$$\dot{U}_2 = j\omega L_2 \dot{I}_2 \pm j\omega M \dot{I}_1$$

10.2　耦合电感线圈的串联和并联

10.2.1　耦合电感的串联

将有互感的两个线圈串联，有两种不同的连接方式：一种是把两互感线圈的同名端相连，电流从一线圈的同名端流入（或流出），而从另一线圈的同名端流出（或流入），这种方式称为反接串联，如图 10-3a 所示；另一种是把两互感线圈的异名端相连，电流都是从同名端流入（或流出），这种方式称为顺接串联。但无论哪种连接都可用一个不含互感的电路来等效替代。

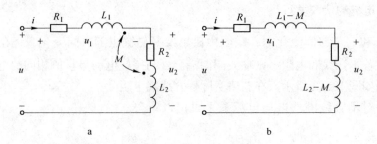

图 10-3　耦合电感的串联

由所设电压、电流参考方向及互感线圈上电压、电流关系，可得出图 10-3a 反接串联的伏安关系式为：

$$u_1 = R_1 i + \left(L_1 \frac{\mathrm{d}i}{\mathrm{d}t} - M \frac{\mathrm{d}i}{\mathrm{d}t} \right)$$

$$u_2 = R_2 i + \left(L_2 \frac{\mathrm{d}i}{\mathrm{d}t} - M \frac{\mathrm{d}i}{\mathrm{d}t} \right)$$

$$u = u_1 + u_2 = (R_1 + R_2)i + (L_1 + L_2 - 2M)\frac{\mathrm{d}i}{\mathrm{d}t} = Ri + L\frac{\mathrm{d}i}{\mathrm{d}t}$$

用相量形式表示为：

$$\dot{U} = \left[R_1 + R_2 + j\omega(L_1 + L_2 - 2M) \right] \dot{I}$$

其中 $L = L_1 + L_2 - 2M$ 称为互感线圈反接串联的等效电感,可以看出,反接使等效电感减小。

根据以上描述可得一个无耦合的等效电路, 如图 10－3b 所示。

同理, 顺接串联的伏安关系式:

$$u_1 = R_1 i + \left(L_1 \frac{\mathrm{d}i}{\mathrm{d}t} + M \frac{\mathrm{d}i}{\mathrm{d}t} \right)$$

$$u_2 = R_2 i + \left(L_2 \frac{\mathrm{d}i}{\mathrm{d}t} + M \frac{\mathrm{d}i}{\mathrm{d}t} \right)$$

$$u = u_1 + u_2 = (R_1 + R_2) i + (L_1 + L_2 + 2M) \frac{\mathrm{d}i}{\mathrm{d}t} = Ri + L \frac{\mathrm{d}i}{\mathrm{d}t}$$

用相量形式表示为:

$$\dot{U} = \left[R_1 + R_2 + \mathrm{j}\omega (L_1 + L_2 + 2M) \right] \dot{I}$$

其中 $L = L_1 + L_2 + 2M$ 称为互感线圈反接串联的等效电感, 可以看出, 顺接使等效电感增大。

10.2.2　耦合电感的并联

将有互感的两个线圈并联, 也有两种不同的连接方式: 一种是同名端连接在同一个节点上, 称为同侧并联, 如图 10－4a 所示; 另一种是将同名端连接在两个节点上, 称为异侧并联, 如图 10－4b 所示。

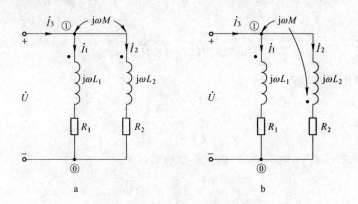

图 10－4　耦合电感的并联

同侧并联时, 可得如下关系式:

$$\dot{U} = (R_1 + \mathrm{j}\omega L_1) \ \dot{I}_1 + \mathrm{j}\omega M \dot{I}_2$$

$$\dot{U} = (R_2 + \mathrm{j}\omega L_2) \ \dot{I}_2 + \mathrm{j}\omega M \dot{I}_1$$

又有:

$$\dot{I}_3 = \dot{I}_1 + \dot{I}_2$$

可解得 $L = \dfrac{L_1 L_2 - M^2}{L_1 + L_2 - 2M}$, 为两个耦合线圈同侧并联时的等效电感。

同理, 可推导出两个耦合线圈异侧并联时的等效电感为 $L = \dfrac{L_1 L_2 - M^2}{L_1 + L_2 + 2M}$。

【例 10 – 1】　图 10 – 5a 所示电路中，$\omega L_1 = \omega L_2 = 10\Omega$，$\omega M = 5\Omega$，$R_1 = R_2 = 6\Omega$，$U_s = 12V$。求 Z_L 最佳匹配时获得的功率 P。

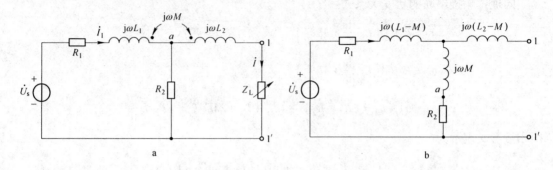

图 10 – 5　例 10 – 1 的电路图

解:（1）解法一：求解本例的一般方法是用戴维南（诺顿）等效电路。当一端口电路中含有耦合电感时，求解方法与含有受控源的一端口电路相同。现用一步法解本例。在端口 1 – 1′置电流源 $\dot I$ 替代 Z_L，求外特性 $\dot U_{11'} = f(\dot I)$。列网孔（顺时针）方程及 $\dot U_{11'}$ 的表达式为：

$$(R_1 + R_2 + \mathrm{j}\omega L_1)\,\dot I_1 - (R_2 + \mathrm{j}\omega M)\,\dot I = \dot U_s\,(\text{左网孔})$$

$$\dot U_{11'} = -(R_2 + \mathrm{j}\omega L_2)\,\dot I + (R_2 + \mathrm{j}\omega M)\,\dot I_1\,(\text{右网孔})$$

解得：

$$\dot U_{11'} = \frac{1}{2}\dot U_s - (3 + \mathrm{j}7.5)\,\dot I$$

戴维南等效电路参数为：

$$\dot U_{oc} = \frac{1}{2}\dot U_s = 6\angle 0°\,\mathrm{V}$$

$$Z_{eq} = (3 + \mathrm{j}7.5)\,\Omega$$

最佳匹配时 $Z_L = Z_{eq}^* = (3 - \mathrm{j}7.5)\Omega$，求得功率：

$$P = \frac{U_{oc}^2}{4R_{eq}} = \frac{36}{12}\mathrm{W} = 3\,\mathrm{W}$$

（2）解法二：本例的电路中，耦合电感的两条支路与 R_2 形成两个 3 支路节点 a 和 1′，所以可用去耦法求解。图 10 – 5b 所示为去耦等效电路，求得开路电压和等效阻抗分别为：

$$\dot U_{11'oc} = \frac{\dot U_s}{2(6 + \mathrm{j}5)}(6 + \mathrm{j}5) = \frac{1}{2}\dot U_s$$

$$Z_{eq} = \left[\frac{1}{2}(6 + \mathrm{j}5) + \mathrm{j}5\right]\Omega = (3 + \mathrm{j}7.5)\,\Omega$$

本题用去耦法显得容易。

10.3　变压器原理

含有耦合电感电路的典型例子就是变压器，本节着重分析空心变压器的电路。这种变压器有两个绕在同一个非铁磁材料的芯柱上的线圈，其中一个线圈接到电源，称之为原边；另一个线圈接到负载，称之为副边，它通过磁耦合把电能由电源一侧传送到负载一侧。图 10−6 为空心变压器的电路模型。设原边的电阻为 R_1，电感为 L_1，副边的电阻为 R_2，电感为 L_2，两线圈之间的互感为 M，$\dot{U}_1$ 为电源电压，Z_L 为负载阻抗。可得原、副边的回路方程为：

$$(R_1 + j\omega L_1)\, \dot{I}_1 + j\omega M \dot{I}_2 = \dot{U}_1$$

$$j\omega M \dot{I}_1 + (R_2 + j\omega L_2 + Z_L)\, \dot{I}_2 = 0$$

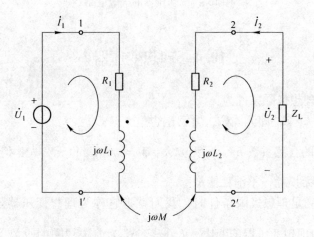

图 10−6 空心变压器电路模型

令 $Z_{11} = R_1 + j\omega L_1$ 为原边回路的总阻抗，$Z_{22} = R_2 + j\omega L_2 + Z_L$ 为副边回路的总阻抗，$Z_M = j\omega M$ 为互感抗，则上式可改写为：

$$Z_{11}\, \dot{I}_1 + Z_M \dot{I}_2 = \dot{U}_1$$

$$Z_M\, \dot{I}_1 + Z_{22}\, \dot{I}_2 = 0$$

解得：

$$\dot{I}_1 = \frac{\dot{U}_1}{Z_{11} - Z_M^2 Y_{22}} = \frac{\dot{U}_1}{Z_{11} + (\omega M)^2 Y_{22}}$$

$$\dot{I}_2 = -\frac{Z_M}{Z_{22} Z_{11} + (\omega M)^2 Y_{22}}\,\dot{U}_1 = -\frac{Z_M}{Z_{22} + (\omega M)^2 Y_{11}}\,\dot{U}_1 / Z_{11}$$

$$= -\frac{\dot{U}_{oc}}{Z_{eq} + Z_L}$$

其中，$\dot{U}_{oc}$ 为端口 2−2′的开路电压；$Z_{eq} = (\omega M)^2 Y_{11} + R_2 + j\omega L_2$ 为端口 2−2′的戴维南等效电阻。

由此，我们就可画出变压器的去耦等效电路，如图 10−7 所示，使得变压器的分析变得简便。

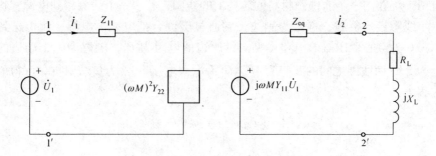

图 10 - 7   变压器的等效电路

10.4   理想变压器

理想变压器的理想极限条件为：

（1）耦合系数 $k = 1$，即无漏磁，紧密耦合；

（2）每个线圈的自感系数 L_1、L_2 无穷大，$M = \sqrt{L_1 L_2}$ 也无穷大，但 $\dfrac{L_1}{L_2}$ 保持不变；

（3）耦合线圈无损耗，不消耗能量。

当实际变压器满足理想极限条件时，我们就把它称为理想变压器。其电路模型如图 10 - 8 所示。n 称为理想变压器的变比，$n = \dfrac{N_1}{N_2}$，N_1 为原边线圈的匝数，N_2 为副边线圈的匝数。

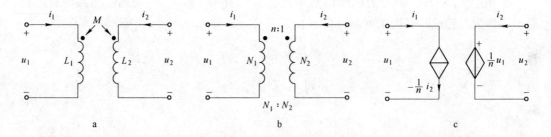

图 10 - 8   理想变压器模型

在图 10 - 8b 所示的电压、电流参考方向下，即 u_1、u_2 的"＋"极性端都分别设在同名端，其电压、电流关系满足：

$$u_1 = n u_2$$
$$i_1 = -\frac{1}{n} i_2$$

在正弦交流电路中，设 u_1 的相量为 $\dot{U}_1$，u_2 的相量为 $\dot{U}_2$，则上式对应的相量形式为：

$$\dot{U}_1 = n \dot{U}_2$$
$$\dot{I}_1 = -\frac{1}{n} \dot{I}_2$$

如果改变电压、电流参考方向或同名端的位置，则理想变压器电压、电流关系式中的符号应作相应的变化。根据理想变压器的电压、电流关系式，理想变压器可用图 10-8c 所示的含受控源的等效模型来等效。

【例 10-2】 图 10-9a 所示理想变压器，变比为 1∶10，已知 $u_s = 10\cos(10t)$ V，$R_1 = 1\Omega$，$R_2 = 100\Omega$。求 u_2。

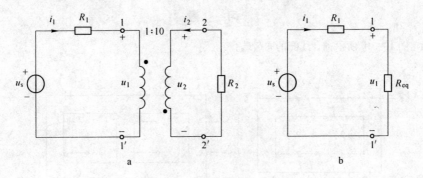

图 10-9 例 10-2 的图

解：（1）按图 10-9a 可以列出电路方程：

$$R_1 i_1 + u_1 = u_s$$
$$R_2 i_2 + u_2 = 0$$

根据理想变压器的 VCR，有：

$$u_1 = -\frac{1}{10} u_2$$

$$i_1 = 10 i_2$$

代入数据解得：

$$u_2 = -5u_s = -50\cos(10t)\text{V}$$

（2）另一种解法是先用一次等效电路求 u_1，再按电压比方程求 u_2。端子 1-1' 右侧电路的输入电阻 R_{eq} 为：

$$R_{eq} = \frac{u_1}{i_1} = \frac{-\frac{1}{10} u_2}{10 i_2} = (0.1)^2 \left(\frac{u_2}{-i_2}\right) = (0.1)^2 R_2 = 1\Omega$$

等效电路如图 10-9b 所示，求得：

$$u_1 = \frac{u_s}{R_1 + R_{eq}} R_{eq} = \frac{1}{2} u_s$$

$$u_2 = -10 u_1 = -5 u_s$$

理想变压器对电压、电流按变比变换的作用，还反映在阻抗的变换上。在正弦稳态的情况下，当理想变压器副边终端 2-2' 接入阻抗 Z_L 时，则变压器原边 1-1' 的输入阻抗 $Z_{11'}$ 为：

$$Z_{11'} = \frac{\dot{U}_1}{\dot{I}_1} = \frac{n \dot{U}_2}{-\frac{1}{n} \dot{I}_2} = n^2 Z_L$$

$n^2 Z_L$ 即为副边折合至原边的等效阻抗，如副边分别接入 R、L、C 时，折合至原边将为 $n^2 R$、$n^2 L$、$\dfrac{C}{n^2}$，也就是变换了元件的参数。

习　题

10-1 试确定图 10-10 所示耦合线圈的同名端。

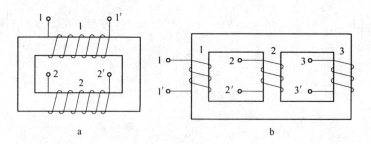

图 10-10　习题 10-1 的图

10-2 若有电流 $i_1 = 2 + 5\cos(10t + 30°)$ A、$i_2 = 10\mathrm{e}^{-5t}$ A，各从图 10-1a 所示线圈的 1 端和 2 端流入，并设线圈 1 的电感 $L_1 = 6$H，线圈 2 的电感 $L_2 = 3$H，互感为 $M = 4$H。试求：

(1) 各线圈的磁通链；

(2) 端电压 $u_{11'}$ 和 $u_{22'}$；

(3) 耦合因数 k。

10-3 图 10-11 中，(1) $L_1 = 8$H，$L_2 = 2$H，$M = 2$H；(2) $L_1 = 8$H，$L_2 = 2$H，$M = 4$H；(3) $L_1 = L_2 = M = 4$H。试求以上 3 种情况从端子 1-1′ 看进去的等效电感。

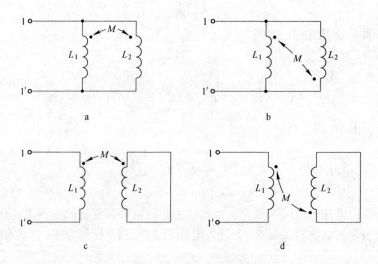

图 10-11　习题 10-3 的图

10-4 把两个线圈串联起来接到 50Hz、220V 的正弦电源上，顺接串联时得电流 $I = 2.7$A，吸收的功率为 218.7W；反接串联时电流为 7A。求互感 M。

10-5　电路如图 10-12 所示，已知两个线圈的参数为：$R_1 = R_2 = 100\Omega$, $L_1 = 3H$, $L_2 = 10H$, $M = 5H$, 正弦电源的电压 $U = 220V$, $\omega = 100\text{rad/s}$。

(1) 试求两个线圈端电压，并作出电路的相量图；

(2) 证明两个耦合电感反接串联时不可能有 $L_1 + L_2 - 2M \leq 0$；

(3) 电路中串联多大的电容可使 $\dot{U}$、$\dot{i}$ 同相；

(4) 画出该电路的去耦等效电路。

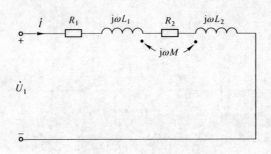

图 10-12　习题 10-5 的图

10-6　如图 10-13 所示电路中 $R = 1\Omega$, $\omega L_1 = 2\Omega$, $\omega L_2 = 32\Omega$, 耦合因数 $k = 1$, $\dfrac{1}{\omega C} = 32\Omega$。求电流 $\dot{I}_1$、$\dot{I}_2$ 和电压 $\dot{U}_2$。

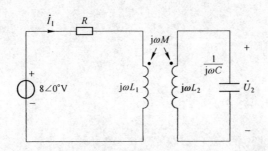

图 10-13　习题 10-6 的图

10-7　如果使 10Ω 电阻能获得最大功率，试确定图 10-14 所示电路中理想变压器的变比 n。

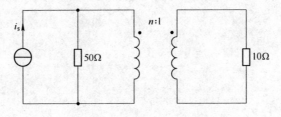

图 10-14　习题 10-7 的图

10-8　求图 10-15 所示电路中的阻抗 Z。已知电流表的读数为 10A，正弦电压有效值 $U = 10V$。

10-9　图 10-16 所示电路中 $C_1 = 10^{-3}F$, $L_1 = 0.3H$, $L_2 = 0.6H$, $M = 0.2H$, $R = 10\Omega$, $u_1 = 100\sqrt{2}\cos$ $(100t - 30°)V$, C 可变动。试求 C 为何值时，R 可获得最大功率？并求出最大功率。

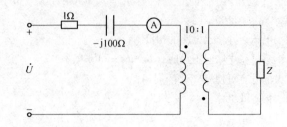

图 10 – 15   习题 10 – 8 的图

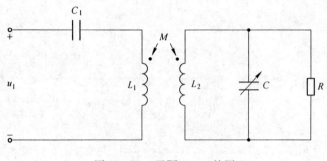

图 10 – 16   习题 10 – 9 的图

11   非正弦周期电流电路和信号的频谱

本章导读

　　本章主要讨论非正弦周期电流、电压信号的作用下，线性电路的稳态分析和计算方法。非正弦周期信号可以分解为直流量和一系列不同频率的正弦量之和。每一信号单独作用下的响应，与直流电路及交流电路的求解方法相同，再应用叠加定理求解，是前面内容的综合。最后比较详细地讲解了信号的频谱，为后续课程的学习做好铺垫，学习本章的基本要求如下：（1）了解周期函数分解为傅里叶级数的方法和信号频谱的概念。（2）理解周期量的有效值、平均值的概念，掌握周期量有效值的计算方法。（3）掌握非正弦周期电流电路的谐波分析法和平均功率的计算，了解滤波器的概念。（4）理解信号的频谱及计算方法。

11.1   非正弦周期信号

　　生产实际中不完全是正弦电路，经常会遇到非正弦周期电流电路。在电子技术、自动控制、计算机和无线电技术等方面，电压和电流往往都是周期性的非正弦波形。非正弦周期交流信号的特点为：（1）不是正弦波；（2）按周期规律变化，满足：$f(t) = f(t + kT)$（$k = 0$，1，2，$\cdots$），式中 T 为周期。图 11 – 1 为一些典型的非正弦周期信号。

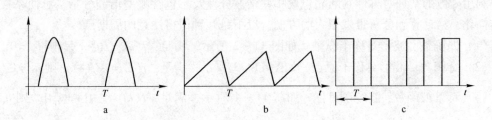

图 11 – 1   一些典型的非正弦周期信号
a—半波整流波形；b—锯齿波；c—方波

　　本章前 4 节主要讨论非正弦周期电流、电压信号的作用下，线性电路的稳态分析和计算方法。采用谐波分析法，实质上就是通过应用数学中傅里叶级数展开方法将非正弦周期信号分解为一系列不同频率的正弦量之和，再根据线性电路的叠加定理，分别计算在各个正弦量单独作用下电路中产生的同频率正弦电流分量和电压分量，最后，把所得分量按时域形式叠加得到电路在非正弦周期激励下的稳态电流和电压。

11.2　周期函数分解为傅里叶级数

电工技术中所遇到的非正弦周期电流、电压信号多能满足展开成傅里叶级数的条件，因而能分解成如下傅里叶级数形式：

$$f(t) = a_0 + \sum_{k=1}^{\infty} \left[a_k \cos k\omega_1 t + b_k \sin k\omega_1 t \right]$$

也可表示成：

$$f(t) = A_0 + \sum_{k=1}^{\infty} A_{km} \cos(k\omega_1 t + \phi_k)$$

以上两种表示式中系数之间关系为：

$$A_0 = a_0$$

$$A_{km} = \sqrt{a_k^2 + b_k^2}$$

$$a_k = A_{km} \cos\phi_k \qquad b_k = -A_{km} \sin\phi_k$$

$$\phi_k = \arctan \frac{-b_k}{a_k}$$

上述系数可按下列公式计算：

$$A_0 = a_0 = \frac{1}{T} \int_0^T f(t)\, \mathrm{d}t$$

$$a_k = \frac{1}{\pi} \int_0^{2\pi} f(t) \cos k\omega_1 t \,\mathrm{d}(\omega_1 t)$$

$$b_k = \frac{1}{\pi} \int_0^{2\pi} f(t) \sin k\omega_1 t \,\mathrm{d}(\omega_1 t) \quad (k = 1,2,3,\cdots)$$

求出 a_0、a_k、b_k 便可得到原函数 $f(t)$ 的展开式。

注意：非正弦周期电流、电压信号分解成傅里叶级数的关键在于求出系数 a_0、a_k、b_k，可以利用函数的某种对称性判断它包含哪些谐波分量及不包含哪些谐波分量，可使系数的确定简化，给计算和分析带来很大的方便。以下是几种值得注意的周期函数。

（1）偶函数。波形对称于纵轴，如图 11-2 所示，满足：$f(t) = f(-t)$，则 $b_k = 0$。

（2）奇函数。波形对称于原点，如图 11-3 所示，满足：$f(t) = -f(t)$，则 $a_k = 0$。

（3）奇谐波函数。波形镜对称，如图 11-4 所示，满足：$f(t) = -f\left(t + \dfrac{T}{2}\right)$，则 $a_0 = a_{2k} = b_{2k} = 0$。

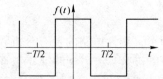

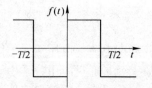

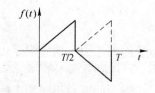

图 11-2　偶函数波形图　　　图 11-3　奇函数波形图　　　图 11-4　奇谐波函数波形图

奇谐波函数有如下特点。

1）A_{km} 与计时起点无关，而 φ_k 与计时起点有关，计时起点的变动只能使各次谐波的初相作相应的改变；

2）由于系数 a_k 和 b_k 与初相 φ_k 有关，所以它们也随计时起点的变动而改变；

3）由于 a_k 和 b_k 与计时起点的选择有关，$f(t)$ 是否为奇函数或偶函数可能与计时起点的选择有关，函数是否为奇谐波函数与计时起点无关；

4）函数的波形越光滑和越接近正弦形，其展开函数收敛得越快。

（4）若函数是偶函数又是镜对称时，则只含有奇次的余弦项，即：

$$a_0 = a_{2k} = b_k = 0$$

（5）若函数是奇函数又是镜对称时，则只含有奇次的正弦相，即：

$$a_0 = a_k = b_{2k} = 0$$

实际中所遇到的周期函数可能较复杂，不易看出对称性，但是如果将波形作一定的平移，或视为几个典型波形的合成，则也能使计算各次谐波的系数简化。

【例 11 −1】 把图 11 −5 所示周期性方波电流分解成傅里叶级数。

解：周期性方波电流在一个周期内的函数表示式为：

$$i_s(t) = \begin{cases} I_m & 0 < t < \dfrac{T}{2} \\[2mm] 0 & \dfrac{T}{2} < t < T \end{cases}$$

各次谐波分量的系数为：

$$I_0 = \frac{1}{T}\int_0^T i_s(t)\,\mathrm{d}t = \frac{1}{T}\int_0^{T/2} I_m\,\mathrm{d}t = \frac{I_m}{2}$$

$$b_k = \frac{1}{\pi}\int_0^{2\pi} i_s(\omega t)\sin k\omega t\,\mathrm{d}(\omega t) = \frac{I_m}{\pi}\left(-\frac{1}{k}\cos k\omega t\right)\Big|_0^{\pi} = \begin{cases} 0 & k\ \text{为偶数} \\[2mm] \dfrac{2I_m}{k\pi} & k\ \text{为奇数} \end{cases}$$

$$a_k = \frac{2}{\pi}\int_0^{2\pi} i_s(\omega t)\cos k\omega t\,\mathrm{d}(\omega t) = \frac{2I_m}{\pi}\cdot\frac{1}{k}\sin k\omega t\Big|_0^{\pi} = 0$$

$$A_k = \sqrt{b_k^2 + a_k^2} = b_k = \frac{2I_m}{k\pi}(k\ \text{为奇数}) \quad \Psi_k = \arctan\frac{a_k}{b_k} = 0$$

因此，i_s 的傅里叶级数展开式为：

$$i_s = \frac{I_m}{2} + \frac{2I_m}{\pi}\left(\sin\omega t + \frac{1}{3}\sin 3\omega t + \frac{1}{5}\sin 5\omega t + \cdots\right)$$

即周期性方波可以看成是直流分量与一次谐波、三次谐波、五次谐波等的叠加，如图 11 −6 所示。

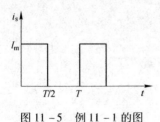

图 11 −5 例 11 −1 的图

图 11 −6 周期性方波分解

【例11－2】　给定函数$f(t)$的部分波形如图11－7所示。为使$f(t)$的傅里叶级数中只包含如下的分量：（1）正弦分量；（2）余弦分量；（3）正弦偶次分量；（4）余弦奇次分量。试画出$f(t)$的波形。

解：（1）$f(t)$的傅里叶级数中只包含正弦分量，说明$f(t)$为奇函数，呈原点对称，可用图11－8所示波形表示。

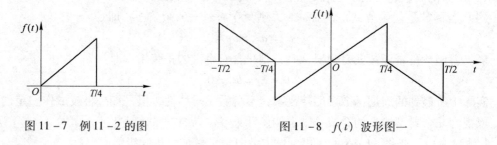

图11－7　例11－2的图　　　　　　图11－8　$f(t)$波形图一

（2）$f(t)$的傅里叶级数中只包含余弦分量，说明$f(t)$为偶函数，关于坐标纵轴对称，可用图11－9所示波形表示。

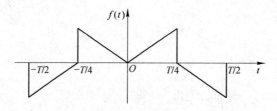

图11－9　$f(t)$波形图二

（3）$f(t)$的傅里叶级数中只包含正弦偶次分量，可用图11－10所示波形表示。

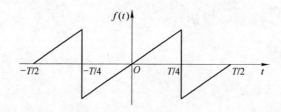

图11－10　$f(t)$波形图三

（4）$f(t)$的傅里叶级数中只包含余弦奇次分量，可用图11－11所示波形表示。

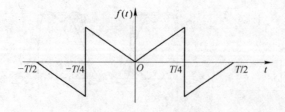

图11－11　$f(t)$波形图四

11.3 有效值、平均值和平均功率

11.3.1 三角函数的性质

三角函数的基本性质如下。

（1）正弦、余弦函数在一个周期内的积分为 0 ，即：

$$\int_0^{2\pi} \sin k\omega t \mathrm{d}(\omega t) = 0 \qquad \int_0^{2\pi} \cos k\omega t \mathrm{d}(\omega t) = 0$$

（2） $\sin^2$、$\cos^2$ 在一个周期内的积分为 π，即：

$$\int_0^{2\pi} \sin^2 k\omega t \mathrm{d}(\omega t) = \pi \qquad \int_0^{2\pi} \cos^2 k\omega t \mathrm{d}(\omega t) = \pi$$

（3）三角函数的正交性如下：

$$\int_0^{2\pi} \cos k\omega t \sin p\omega t \mathrm{d}(\omega t) = 0$$

$$\int_0^{2\pi} \cos k\omega t \cos p\omega t \mathrm{d}(\omega t) = 0$$

$$\int_0^{2\pi} \sin k\omega t \sin p\omega t \mathrm{d}(\omega t) = 0 \quad (k \neq p)$$

11.3.2 非正弦周期函数的有效值

设非正弦周期电流可以分解为傅里叶级数：

$$i(t) = I_0 + \sum_{k=1}^{\infty} I_{km} \cos(k\omega t + \varphi_k)$$

代入有效值的定义式中有：

$$I = \sqrt{\frac{1}{T}\int_0^T i^2(\omega t)\mathrm{d}(t)} = \sqrt{\frac{1}{T}\int_0^T \left[I_0 + \sum_{k=1}^{\infty} I_{km}\cos(k\omega t + \varphi_k)\right]^2 \mathrm{d}(t)}$$

利用上述三角函数的性质，上式中 i 的展开式平方后将含有下列各项：

$$\frac{1}{T}\int_0^T I_0^2 \mathrm{d}t = I_0^2$$

$$\frac{1}{T}\int_0^{2\pi} I_{km}^2 \cos^2(k\omega_1 t + \varphi_k)\mathrm{d}(\omega t) = I_{km}^2$$

$$\frac{1}{T}\int_0^{2\pi} 2I_0 \cos(k\omega_1 t + \varphi_k)\mathrm{d}(\omega t) = 0$$

$$\frac{1}{T}\int_0^{2\pi} 2I_{km}\cos(k\omega_1 t + \varphi_k)I_{km}\cos(p\omega_1 t + \varphi_k)\mathrm{d}(\omega t) = 0 \quad k \neq p$$

这样可以求得 i 的有效值为：

$$I = \sqrt{I_0^2 + \sum_{k=1}^{\infty}\frac{I_{km}^2}{2}} = \sqrt{I_0^2 + I_1^2 + I_2^2 + I_3^2 + \cdots}$$

由此得到结论：周期函数的有效值为直流分量及各次谐波分量有效值平方和的方根。此结论可以推广用于其他非正弦周期量。

11.3.3　非正弦周期函数的平均值

设非正弦周期电流可以分解为傅里叶级数：

$$i(t) = I_0 + \sum_{k=1}^{\infty} I_{km}\cos(k\omega_1 t + \varphi_k)$$

则其平均值定义为：

$$I_{AV} = \frac{1}{T}\int_0^T |i(t)|\,dt$$

即非正弦周期电流的平均值等于此电流绝对值的平均值。按上式可求得正弦电流的平均值为：

$$I_{AV} = \frac{1}{T}\int_0^T |I_m\cos(k\omega_1 t)|\,d(t) = 0.637I_m = 0.898I$$

磁电系仪表　　$I_0 = \dfrac{1}{T}\int_0^T i\,dt$　　电流的恒定分量 I_0

电磁系仪表　　$I = \dfrac{1}{T}\int_0^T i^2\,dt$　　电流的有效值 I

全波整流仪表　　$I_{av} = \dfrac{1}{T}\int_0^T |i|\,dt$　　电流的平均值 I_{av}

注意：

（1）测量非正弦周期电流或电压的有效值要用电磁系或电动系仪表，测量非正弦周期量的平均值要用磁电系仪表。

（2）非正弦周期量的有效值和平均值没有固定的比例关系，它们随着波形不同而不同。

11.3.4　非正弦周期交流电路的平均功率

设任意一端口电路的非正弦周期电流和电压可以分解为傅里叶级数：

$$u(t) = U_0 + \sum_{k=1}^{\infty} U_{km}\cos(k\omega t + \varphi_{uk})$$

$$i(t) = I_0 + \sum_{k=1}^{\infty} I_{km}\cos(k\omega t + \varphi_{ik})$$

则一端口的平均功率为：

$$P = \frac{1}{T}\int_0^T u\cdot i\,dt$$

代入电压、电流表示式并利用三角函数的性质，得：

$$p = U_0 I_0 + \sum_{k=1}^{\infty} U_k I_k\cos\varphi_k = U_0 I_0 + U_1 I_1\cos\varphi_1 + U_2 I_2\cos\varphi_2 + U_3 I_3\cos\varphi_3 + \cdots$$

$$= P_0 + P_1 + P_2 + \cdots$$

式中，$\varphi_k = \varphi_{uk} - \varphi_{ik}$。

由此得出结论：非正弦周期电流电路的平均功率 = 直流分量的功率 + 各次谐波的平均功率。

11.4 非正弦周期交流电路的计算

根据以上讨论可得非正弦周期电流电路的计算步骤如下：

（1）把给定电源的非正弦周期电流或电压作傅里叶级数分解，即将非正弦函数展开成为直流分量和各次谐波分量之和。

（2）分别计算直流分量和各次谐波分量作用于电路时各条支路的响应。当直流分量作用于电路时，采用直流稳态电路的计算方法；当各次谐波分量作用于电路时，采用交流稳态电路的计算方法——相量法。

（3）运用叠加原理，将属于同一条支路的直流分量和各次谐波分量作用产生的响应叠加在一起，这就是非正弦激励在该支路产生的响应。

由于非正弦周期电流电路具有其特殊性，在电路计算时应注意以下问题：

（1）当直流分量作用于电路时，电路中的电感相当于短路，电路中的电容相当于开路。

（2）电感和电容对于不同的谐波呈现不同的电抗值，对于 k 次谐波呈现的感抗值为 $k\omega L$；对于 k 次谐波呈现的容抗值为 $\dfrac{1}{k\omega C}$。这就是说，随着谐波频率的升高，感抗值增大，容抗值减小。

（3）在含有电感、电容的电路中，可能对于某一频率的谐波分量发生串联谐振或并联谐振，计算过程中应注意。

【例 11 – 3】 电路如图 11 – 12a 所示，电流源为图 11 – 12b 所示的方波信号。求输出电压 u_0。已知：$R = 20\Omega$、$L = 1\text{mH}$、$C = 1000\text{pF}$、$I_m = 157\mu A$、$T = 6.28\mu S$。

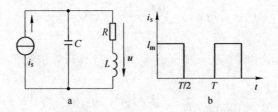

图 11 – 12 例 11 – 3 的图

解：计算步骤如下：

（1）由例 11 – 1 知方波信号的展开式为：

$$i_s = \frac{I_m}{2} + \frac{2I_m}{\pi}\left(\sin\omega t + \frac{1}{3}\sin3\omega t + \frac{1}{5}\sin5\omega t + \cdots\right)$$

代入已知数据： $I_m = 157\mu A, \quad T = 6.28\mu s$

得直流分量： $I_0 = \dfrac{I_m}{2} = \dfrac{157}{2} = 78.5\mu A$

基波最大值： $I_{1m} = \dfrac{2I_m}{\pi} = \dfrac{2 \times 1.57}{3.14} = 100\mu A$

三次谐波最大值：$\qquad I_{3m} = \dfrac{1}{3}I_{1m} = 33.3\,\mu A$

五次谐波最大值：$\qquad I_{5m} = \dfrac{1}{5}I_{1m} = 20\,\mu A$

角频率为：$\qquad \omega = \dfrac{2\pi}{T} = \dfrac{2\times 3.14}{6.28\times 10^{-6}} = 10^6\,rad/s$

因此，电流源各频率的谐波分量表示式为：

$$I_{s0} = 78.5\,\mu A \qquad i_{s1} = 100\sin 10^6 t\,\mu A$$

$$i_{s3} = \dfrac{100}{3}\sin 3\times 10^6 t\,\mu A \qquad i_{s5} = \dfrac{100}{5}\sin 5\times 10^6 t\,\mu A$$

（2）对各次频率的谐波分量单独计算。

1）直流分量 I_{s0} 单独作用时：$I_{s0} = 78.5\,\mu A$。把电容断路，电感短路，电路如图 11-13 所示。

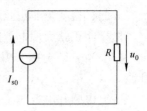

计算得：

$U_0 = RI_{s0} = 20\times 78.5\times 10^{-6} = 1.57\,mV$

2）基波单独作用时，$i_{s1} = 100\sin 10^6 t$，电路如图 11-12a 所示。计算得容抗和感抗为：

图 11-13   直流分量单独作用的电路

$$\dfrac{1}{\omega_1 C} = \dfrac{1}{10^6\times 1000\times 10^{-12}} = 1k\Omega \quad \omega_1 L = 10^6\times 10^{-3} = 1k\Omega$$

所以阻抗为：

$$Z(\omega_1) = \dfrac{(R+jX_L)(-jX_C)}{R+j(X_L-X_C)} \approx \dfrac{X_L X_C}{R} = \dfrac{L}{RC} = 50k\Omega$$

因此：

$$\dot{U}_1 = I_1 Z(\omega_1) = \dfrac{100\times 10^{-6}}{\sqrt{2}}\times 50 = \dfrac{5000}{\sqrt{2}}\,mV$$

3）三次谐波单独作用时，$i_{s3} = \dfrac{100}{3}\sin 3\times 10^6 t$，计算得容抗和感抗为：

$$\dfrac{1}{3\omega_1 C} = \dfrac{1}{3\times 10^6\times 1000\times 10^{-12}} = 0.33k\Omega \quad 3\omega_1 L = 3\times 10^6\times 10^{-3} = 3k\Omega$$

阻抗为：

$$Z(3\omega_1) = \dfrac{(R+jX_{L3})(-jX_{C3})}{R+j(X_{L3}-X_{C3})} = 374.5\angle-89.19°\Omega$$

则：

$$\dot{U}_3 = \dot{I}_{s3}Z(3\omega_1) = 33.3\times \dfrac{10^{-6}}{\sqrt{2}}\times 374.5\angle-89.19°$$

4）五次谐波单独作用时，$i_{s5} = \dfrac{100}{5}\sin 5\times 10^6 t\,\mu A$，计算得容抗和感抗为：

$$\dfrac{1}{5\omega_1 C} = \dfrac{1}{5\times 10^6\times 1000\times 10^{-12}} = 0.2k\Omega \quad 5\omega_1 L = 5\times 10^6\times 10^{-3} = 5k\Omega$$

阻抗为：

$$Z(5\omega_1) = \frac{(R + jX_{l5})(-jX_{C5})}{R + j(5X_{l5} - X_{C5})} = 208.3\angle -89.53°\Omega$$

则：

$$\dot{U}_5 = \dot{I}_{s5}Z(5\omega_1) = \frac{20 \times 10^{-6}}{\sqrt{2}} \times 208.3\angle -89.53 = \frac{4.166}{\sqrt{2}}\angle -89.53°\text{mV}$$

（3）把各次谐波分量计算结果的瞬时值叠加得：

$$u = U_0 + u_1 + u_3 + u_5$$

$$\approx 1.57 + 5000\sin\omega t + 12.47\sin(3\omega t - 89.2°) + 4.166\sin(5\omega t - 89.53°)\text{mV}$$

【例 11 - 4】 求图 11 - 14 所示电路中各表读数（有效值）及电路吸收的功率。

已知：$u = 30 + 120\cos 1000t + 60\cos\left(2000t + \dfrac{\pi}{4}\right)\text{V}$。

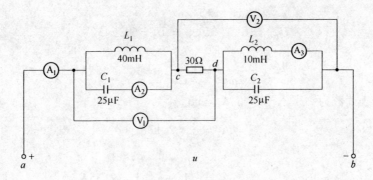

图 11 - 14 例 11 - 4 的图

解：（1）当直流分量 $u_0 = 30\text{V}$ 作用于电路时，L_1、L_2 短路，C_1、C_2 开路，电路如图 11 - 15 所示。

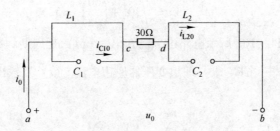

图 11 - 15 直流分量作用时的电路

所以：

$$I_{1(0)} = I_{3(0)} = \frac{30}{30} = 1\text{A}, \quad I_{2(0)} = 0, \quad U_{1(0)} = U_{2(0)} = 30\text{V}$$

（2）基波作用于电路，$u_1 = 120\cos 1000t\text{ V}$

$$\omega L_1 = 1000 \times 40 \times 10^{-3} = 40\Omega \quad \omega L_2 = 1000 \times 10 \times 10^{-3} = 10\Omega$$

$$\frac{1}{\omega C_1} = \frac{1}{\omega C_2} = \frac{1}{1000 \times 25 \times 10^{-6}} = 40\Omega$$

L_1、C_1 对基波发生并联谐振。所以 $I_{1(1)} = 0$，基波电压加于 L_2、C_2 并联电路两端，故：

$$\dot{U}_{1(1)} = 120\angle0°\mathrm{V}, \qquad \dot{U}_{2(1)} = 0,$$

$$\dot{I}_{3(1)} = \dot{I}_{1(1)} = 0, \qquad \dot{I}_{2(1)} = \mathrm{j}\omega C_1 \dot{U}_1 = \frac{120\angle0°}{-\mathrm{j}40} = 3\angle90°\mathrm{A}$$

（3）二次谐波 $u_2 = 60\cos(2000t + \pi/4)\,\mathrm{V}$ 作用于电路，有：

$$2\omega L_1 = 2000 \times 40 \times 10^{-3} = 80\Omega, \quad 2\omega L_2 = 2000 \times 10 \times 10^{-3} = 20\Omega$$

$$\frac{1}{2\omega C_1} = \frac{1}{2\omega C_2} = \frac{1}{2000 \times 25 \times 10^{-6}} = 20\Omega$$

L_2、C_2 对二次谐波发生并联谐振。所以 $I_{1(2)} = I_{2(2)} = 0$，电压加于 L_2、C_2 并联电路两端，故：

$$\dot{U}_{1(2)} = 0, \qquad \dot{U}_{2(2)} = \dot{U}_2 = 60\angle45°\mathrm{V}$$

$$\dot{I}_{3(2)} = \frac{\dot{U}_1}{\mathrm{j}2\omega L_2} = \frac{60\angle45°}{\mathrm{j}20} = 3\angle-45°\mathrm{A}$$

所以电流表读数为：
$$\mathrm{A}_1 = 1\mathrm{A}$$

$$\mathrm{A}_2 = \frac{3}{\sqrt{2}} = 2.12\mathrm{A}$$

$$\mathrm{A}_3 = \sqrt{1^2 + \left(\frac{3}{\sqrt{2}}\right)^2} = 2.35\mathrm{A}$$

电压表读数为：
$$V_1 = \sqrt{30^2 + \left(\frac{120}{\sqrt{2}}\right)^2} = 90\mathrm{V}$$

$$V_2 = \sqrt{30^2 + \left(\frac{60}{\sqrt{2}}\right)^2} = 52\mathrm{V}$$

【例 11-5】　图 11-16a 所示电路中，已知电源 $u(t)$ 是周期函数，波形如图 11-16b 所示，$L = \dfrac{1}{2\pi}\mathrm{mH}$，$C = \dfrac{125}{\pi}\mu\mathrm{F}$。求：理想变压器原边电流 $i_1(t)$ 及输出电压 u_2 的有效值。

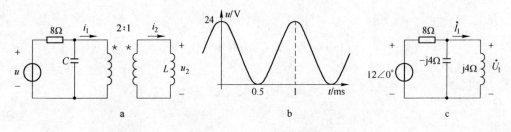

图 11-16　例 11-5 的图

解： 由图 11-16b 知 $\omega = 2\pi/T = 2\pi \times 10^3\mathrm{rad/s}$
$$u(t) = 12 + 12\cos(\omega t)$$
当直流分量 $u_0 = 12\mathrm{V}$ 作用于电路时，电容开路、电感短路，有：

$$i_{1(0)} = 12/8 = 1.5\,\text{A} \qquad u_{2(0)} = 0$$

当 $u_1 = 12\cos(\omega t)$ 作用于电路时，有：

$$X_C = \frac{-1}{\omega C} = \frac{-\pi}{2\pi \times 10^3 \times 125 \times 10^{-6}} = 4\,\Omega$$

$$X_L = \omega L = 2\pi \times 10^3 \times \frac{1}{2\pi} \times 10^{-3} = 1\,\Omega$$

图 11-16a 的原边等效电路如图 11-16c 所示。

电容和电感发生并联谐振，电源电流为零，因此：

$$\dot{U}_1 = \dot{U} = 12\angle 0°\,\text{V}$$

$$\dot{I}_1 = \frac{\dot{U}}{\text{j}4} = \frac{12}{\text{j}4} = -\text{j}3\,\text{A}$$

$$\dot{U}_2 = \frac{1}{n}\dot{U}_1 = 6\angle 0°\,\text{V}$$

则

$$i_1 = 1.5 + 3\cos(\omega t - 90°)\,\text{A}$$

$$U_2 = \frac{6}{\sqrt{2}} = 4.243\,\text{V}$$

【例 11-6】 求图 11-17 所示电路中 a、b 两端电压有效值 U_{ab}、电流 i 及功率表的读数。已知：$u_1 = 220\sqrt{2}\cos\omega t\,\text{V}$　$u_2 = 220\sqrt{2}\cos\omega t + 100\sqrt{2}\cos(3\omega t + 30°)\,\text{V}$

解： 电压有效值　$U_{ab} = \sqrt{440^2 + 100^2} = 451.22\,\text{V}$

一次谐波作用时：$\dot{U}_{ab(1)} = 440\angle 0°\,\text{V}$

$$\dot{I}_{(1)} = \frac{440}{60 + \text{j}20} = \frac{22}{3 + \text{j}} = 6.96\angle -18.4°\,\text{A}$$

三次谐波作用时：$\dot{U}_{ab(3)} = 100\angle 30°\,\text{V}$

$$\dot{I}_{(3)} = \frac{100\angle 30°}{60 + \text{j}60} = \frac{5\angle 30°}{3 + \text{j}3} = 1.18\angle -15°\,\text{A}$$

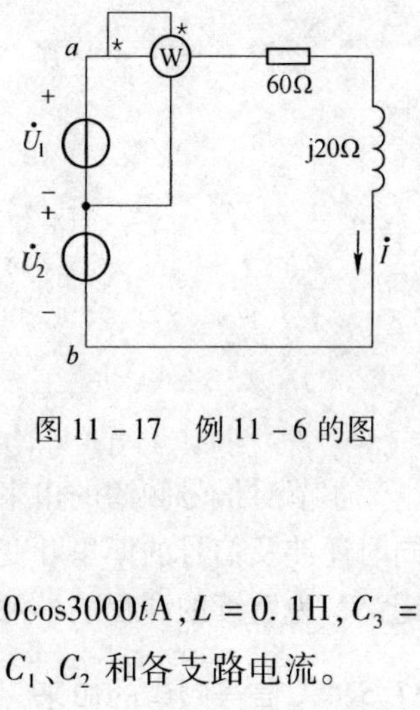

所以　$i = 6.96\sqrt{2}\cos(\omega t - 18.4°) + 1.18\sqrt{2}\cos(\omega t - 15°)\,\text{A}$

功率表读数为　　　$P = 220 \times 6.96\cos 18.4° = 1452.92\,\text{W}$

注意：同频率的电压电流构成有功功率。

图 11-17　例 11-6 的图

【例 11-7】 已知图 11-18 电路中 $i_s = 5 + 20\cos 1000t + 10\cos 3000t\,\text{A}$，$L = 0.1\,\text{H}$，$C_3 = 1\,\mu\text{F}$，电容 C_1 中只有基波电流，电容 C_3 中只有三次谐波电流，求 C_1、C_2 和各支路电流。

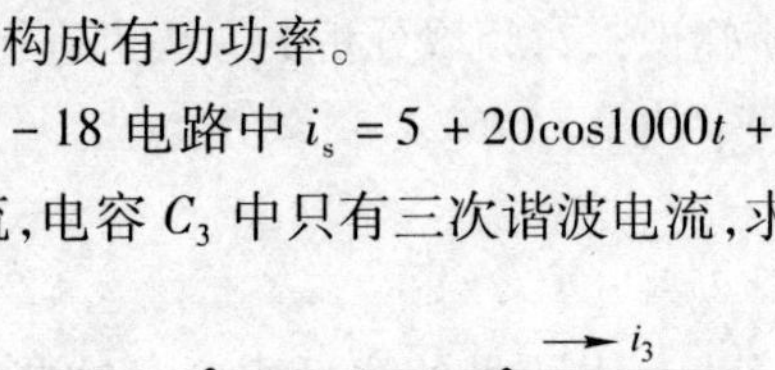

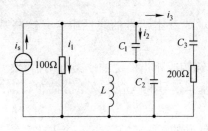

图 11-18　例 11-7 的图

解： C_1 中只有基波电流，说明 L 和 C_2 对三次谐波发生并联谐振。所以：

$$C_2 = \frac{1}{\omega^2 L} = \frac{1}{9 \times 10^5} \text{F}$$

C_3 中只有三次谐波电流，说明 L、C_1、C_2 对一次谐波发生串联谐振。所以：

$$\frac{1}{j\omega C_1} + \frac{-L/C_2}{j(\omega L - 1/\omega C_2)} = 0 \qquad C_1 = \frac{8}{9 \times 10^5} \text{F}$$

3 个谐波分量单独作用时的电路如图 11 - 19 所示。

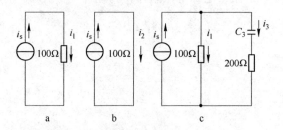

图 11 - 19　3 个谐波分量单独作用时的电路

a—直流作用；b—一次谐波作用；c—三次谐波作用

由图 11 - 19 可计算得：

$$\dot{I}_{3(3)} = \frac{100 \times 10}{100 + 200 - j10^3/3} = \frac{30}{9 - j10} = 2.23 \angle 48°$$

$$\dot{I}_{1(3)} = \dot{I}_s - \dot{I}_{3(3)} = 10 - \frac{30}{9 - j10} = 8.67 \angle -11°$$

$$i_1(t) = 5 + 8.67\cos(3000t - 11°) \text{A}$$

$$i_2(t) = 20\cos 1000t \text{A}$$

$$i_3(t) = 2.23\cos(3000t + 48°) \text{A}$$

11.5　信号的频谱

本节对信号频谱的由来、确知信号、随机信号的频谱的基本概念等进行简单的介绍，同时还涉及信号的傅里叶变换知识，对频域分析的方法也进行了说明，便于进行对比理解记忆，为后续的课程的学习埋下伏笔。

11.5.1　信号频谱的由来

在 LTI 系统中，信号表示成基本信号的线性组合，这些基本信号应该具有以下两个性质：

（1）由这些基本信号能够构成相当广泛的一类有用信号；

（2）LTI 系统对每一个基本信号的响应应该十分简单，以使得系统对任意输入信号的响应有一个很方便的表示式。

在 LTI 系统中，复指数信号的重要性在于：一个 LTI 系统对复指数信号的响应也是一个复指数信号，不同的是幅度上的变化，即：

$$连续时间：e^{st} \rightarrow H(s) e^{st}$$
$$离散时间：z^n \rightarrow H(z) z^n$$

这里，$H(s)$ 或 $H(z)$ 是一个复振幅因子，一般来说是复变量 s 或 z 的函数。

对于连续时间和离散时间来说，如果一个 LTI 系统的输入能够表示成复指数的线性组合，那么系统的输出也能表示成相同复指数信号的线性组合；并且输出表达式中的每一个系数可以用输入中相应的系数分别与有关的系统特征值 $H(s_k)$ 或 $H(z_k)$ 相乘求得。

频域分析法将信号和系统模型的时间变量函数（或序列）变换为频域的某个变量函数，并研究他们的特性，由于时域中的微分（或差分）方程和卷积运算在频域都变成了代数运算，这就简化了运算。同时，频域分析将时间变量变换成频率变量，揭示了信号内在的频率特性以及信号时间特性与其频率特性之间的密切关系，从而导出了信号的频谱、带宽以及滤波、调制和频分复用等重要概念。

信号的频谱，从广义上说，是信号的某种特征量随信号频率变化的关系，所画出的图形称为信号的频谱图。

傅里叶变换是在傅里叶级数正交函数展开的基础上发展而产生的，这方面的问题也称为傅里叶分析（频域分析）。将信号进行正交分解是将其分解为三角函数或复数函数的组合。

11.5.2 确知信号的频谱

确知信号即取值在任何时间都是确定和可预知的信号，通常可以用数学公式表示它在任何时间的取值，例如：振幅、频率和相位都是确定的一段正弦波，都是一个确知信号。具体来说，确知信号的频谱可以分为周期信号的频谱和非周期信号的频谱。

11.5.2.1 周期信号的频谱分析——傅里叶级数 FS

（1）狄义赫利条件：在同一个周期 T_1 内，间断点的个数有限；极大值和极小值的数目有限；信号绝对可积 $\int_{T_1} |f(t)| dt < \infty$。

（2）傅里叶级数：正交函数线性组合。正交函数集可以是三角函数集 $\{1, \cos n\omega_1 t, \sin n\omega_1 t : n \in N\}$ 或复指数函数集 $\{e^{jn\omega_1 t} : n \in Z\}$，函数周期为 T_1，角频率为 $\omega_1 = 2\pi f_1 = \dfrac{2\pi}{T_1}$。

（3）任何满足狄义赫利条件的周期函数都可展成傅里叶级数。

（4）三角形式的 FS：

展开式： $$f(t) = a_0 + \sum_{n=1}^{\infty} (a_n \cos\omega_1 t + b_n \sin n\omega_1 t)$$

系数计算公式：

1）直流分量： $$a_0 = \frac{1}{T_1} \int_{T_1} f(t) dt$$

2）n 次谐波余弦分量： $a_n = \dfrac{2}{T_1} \int_{T_1} f(t) \cos n\omega_1 t dt, n \in N$

3）n 次谐波的正弦分量：$b_n = \dfrac{2}{T_1} \int_{T_1} f(t) \sin n\omega_1 t dt, n \in N$

系数 a_n 和 b_n 统称为三角形式的傅里叶级数系数，简称傅里叶系数。称 $f_1 = 1/T_1$ 为信号的基波、基频；nf_1 为信号的 n 次谐波。合并同频率的正余弦项得：

$$f(t) = c_0 + \sum_{n=1}^{\infty} c_n \cos(n\omega_1 t + \Psi_n)$$

$$f(t) = d_0 + \sum_{n=1}^{\infty} d_n \sin(n\omega_1 t + \theta_n)$$

Ψ_n 和 θ_n 分别对应合并后 n 次谐波的余弦项和正弦项的初相位。傅里叶系数之间的关系为：

$$a_0 = c_0 = d_0$$

$$a_n = c_n \cos\Psi_n = d_n \sin\theta_n$$

$$b_n = -c_n \sin\Psi_n = d_n \cos n\theta_n$$

$$c_0 = d_0 = a_0$$

$$c_n^2 = d_n^2 = a_n^2 + b_n^2$$

$$\Psi_n = -\arctan\frac{b_n}{a_n}$$

$$\theta_n = \arctan\frac{a_n}{b_n}$$

（5）复指数形式的 FS：

展开式：
$$f(t) = \sum_{n=-\infty}^{\infty} F_n e^{jn\omega_1 t}$$

系数计算：
$$F_n = \frac{1}{T_1}\int_{T_1} f(t) e^{-jn\omega_1 t}dt, \quad n \in Z$$

系数之间的关系：

$$F_n = \begin{cases} a_0, & n=0 \\ \dfrac{1}{2}(a_n - jb_n), & n \neq 0 \end{cases}$$

$$F_n = F_{-n}^*, \quad F_{-n} = F_n^*$$

$$|F_n| = |F_{-n}| = \frac{1}{2}|c_n| = \frac{1}{2}|d_n| = \frac{1}{2}\sqrt{a_n^2 + b_n^2} \quad (n \neq 0)$$

$$|F_n| + |F_{-n}| = |c_n| = |d_n| \quad (n \neq 0)$$

$$F_n + F_{-n} = a_n$$

$$F_n - F_{-n} = b_n/j$$

$$c_n^2 = d_n^2 = a_n^2 + b_n^2 = 4F_n F_{-n} = 4|F_n|^2 \quad (n \neq 0)$$

F_n 关于 n 是共轭对称的，即它们关于原点互为共轭。正负 n（n 非零）处的 F_n 的幅度和等于 c_n 或 d_n 的幅度。

（6）奇偶信号的 FS：

1）偶信号的 FS：

$$a_n = \frac{2}{T_1}\int_{T_1} f(t)\cos n\omega_1 t dt, \quad b_n = \frac{2}{T_1}\int_{T_1} f(t)\sin n\omega_1 t dt = 0, \quad c_n = d_n = a_n$$

$$F_n = \frac{a_n - \mathrm{j}b_n}{2} = \frac{a_n}{2} = F_{-n} \quad (F_n \text{ 实，偶对称}), \quad \Psi_n = 0, \quad \theta_n = \frac{\pi}{2}$$

2）偶的周期信号的 FS 系数只有直流项和余弦项。

3）奇信号的 FS：

$$a_0 = a_n = 0, \quad b_n = \frac{2}{T_1}\int_{T_1} f(t)\sin n\omega_1 t \mathrm{d}t, \quad c_n = d_n = b_n = 2\mathrm{j}F_n,$$

$$F_n = -F_{-n} = -\frac{1}{2}\mathrm{j}b_n \quad (F_n \text{ 纯虚，奇对称}), \quad \Psi_n = -\frac{\pi}{2}, \quad \theta_n = 0$$

4）奇的周期信号的 FS 系数只有正弦项。

（7）周期信号傅里叶频谱的特点如下：

1）称 $\{F_n\}$ 为信号的傅里叶复数频谱，简称傅里叶级数谱或 FS 谱。

2）称 $\{|F_n|\}$ 为信号的傅里叶复数幅度频谱，简称 FS 幅度谱。

3）称 $\{\varphi_n\}$ 为傅里叶复数相位频谱，简称 FS 相位谱。

4）周期信号的 FS 频谱仅在一些离散点角频率 $n\omega_1$（或频率 nf_1）上有值。

5）FS 也被称为傅里叶离散谱，离散间隔为 $\omega_1 = 2\pi/T_1$。

6）FS 谱、FS 幅度谱和相位谱图中表示相应频谱、频谱幅度和频谱相位的离散线段被称为谱线、幅度谱线和相位谱线，分别表示 FS 频谱的值、幅度和相位。

7）连接谱线顶点的虚曲线称为包络线，反映了各谐波处 FS 频谱、幅度谱和相位谱随分量的变化情况。

8）称 c_n 为单边谱，表示了信号在谐波处的实际分量大小。

9）称 F_n 为双边谱，其负频率项在实际中是不存在的。正负频率的频谱幅度相加，才是实际幅度。

（8）周期矩形脉冲序列 FS 谱的特点如下：

1）谱线包络线为 Sa 函数；

2）谱线包络线过零点：（其中 $\omega_1 = \dfrac{2\pi}{T_1}$ 为谱线间隔）：

$$\frac{n\pi\tau}{T_1} = k\pi, \quad \text{或 } n\omega_1 = \frac{2k\pi}{\tau}, \quad k \in Z, \quad k \neq 0$$

即当 $\omega = n\omega_1 = 2k\pi/\tau$ 时，$a_n = c_n = F_n = 0$。

3）在频域，能量集中在第一个过零点之内。

4）带宽 $\beta_\omega = 2\pi/\tau$ 或 $\beta_f = 1/\tau$ 只与矩形脉冲的脉宽 τ 有关，而与脉高和周期均无关（定义 $0 \sim 2\pi/\tau$ 为周期矩形脉冲信号的频带宽度，简称带宽）。

（9）周期信号的功率：$P[f(t)] = \displaystyle\sum_{n=-\infty}^{\infty} \|F_n\|^2$

（10）帕斯瓦尔方程：$\dfrac{1}{T_1}\displaystyle\int_{T_1} f^2(t)\mathrm{d}t = \sum_{n=-\infty}^{\infty} |F_n|^2$

11.5.2.2　非周期信号的频谱分析——傅里叶变换 FT

（1）信号 $f(t)$ 的傅里叶变换：$F(\omega) = \displaystyle\int_{-\infty}^{\infty} f(t)\mathrm{e}^{-\mathrm{j}\omega t}\mathrm{d}t \overset{\Delta}{=} F[f(t)]$ 是信号 $f(t)$ 的频谱密度函数或 FT 频谱，简称为频谱（函数）。

（2）频谱密度函数 $F(\omega)$ 的逆傅里叶变换为：$f(t) = \dfrac{1}{2\pi}\displaystyle\int_{-\infty}^{\infty} F(\omega)\mathrm{e}^{\mathrm{j}\omega t}\mathrm{d}\omega \hat{=} F^{-1}[F(\omega)]$。

（3）称 $\mathrm{e}^{-\mathrm{j}\omega t}$ 为 FT 的变换核函数，$\mathrm{e}^{\mathrm{j}\omega t}$ 为 IFT 的变换核函数。

（4）FT 与 IFT 具有唯一性。如果两个函数的 FT 或 IFT 相等，则这两个函数必然相等。

（5）FT 具有可逆性。如果 $F[f(t)] = F(\omega)$，则必有 $F^{-1}[F(\omega)] = f(t)$；反之亦然。

（6）信号的傅里叶变换一般为复值函数，可写成 $F(\omega) = |F(\omega)|\mathrm{e}^{\mathrm{j}\varphi(\omega)}$。

1）称 $|F(\omega)|$ 为幅度频谱密度函数，简称幅度谱，表示信号的幅度密度随频率变化的幅频特性；

2）称 $\varphi(\omega) = \mathrm{Arg}[F(\omega)]$ 为相位频谱密度函数，简称相位谱函数，表示信号的相位随频率变化的相频特性。

（7）FT 频谱可分解为实部和虚部：$F(\omega) = F_r(\omega) + \mathrm{j}F_i(\omega)$

$$|F(\omega)| = \sqrt{F_r^2(\omega) + F_i^2(\omega)}, \quad \varphi(\omega) = \arctan\frac{F_i(\omega)}{F_r(\omega)}$$

$$F_r(\omega) = |F(\omega)|\cos[\varphi(\omega)], \quad F_i(\omega) = |F(\omega)|\sin[\varphi(\omega)]$$

（8）FT 存在的充分条件：时域信号 $f(t)$ 绝对可积，即 $\displaystyle\int_{-\infty}^{\infty}|f(t)|\mathrm{d}t < \infty$。

注意：这不是必要条件。有一些并非绝对可积的信号也有 FT。

（9）FT 及 IFT 在赫兹域的定义：

$$F(f) = \int_{-\infty}^{\infty} f(t)\mathrm{e}^{-\mathrm{j}2\pi f t}\mathrm{d}t;\quad f(t) = \int_{-\infty}^{\infty} F(f)\mathrm{e}^{\mathrm{j}2\pi f t}\mathrm{d}f$$

（10）FS 和 FT 的比较如表 11 −1 所示。

表 11 −1　FS 和 FT 的比较

项　目	FS	FT
分析对象	周期信号	非周期信号
频率定义域	离散频率，谐波频率处	连续频率，整个频率轴
函数值意义	频率分量的数值	频率分量的密度值

11.5.2.3　功率密度谱

一个确定性的能量信号可以通过能量密度谱 $E(\omega)$ 来描述信号能量在频域的分布特性。同理，对一个确定性功率信号可以利用功率密度谱来描述信号功率在频率域的分布情况，功率密度谱反映了单位频带信号功率的大小，是频率的函数，以 $p(\omega)$ 表示。

设 $x(t)$ 是一个功率信号，其平均功率定义为：

$$p = \lim_{T\to\infty}\frac{1}{2T}\int_{-T}^{T}|x(t)|^2\mathrm{d}t$$

由于功率信号不满足傅里叶变换所要求的总能量为有限（平方可积）的充要条件，因此为了求得傅里叶变换与功率密度谱的关系式，采取求极限的办法先将 $x(t)$ 截短，形成

$x_T(t)$，即：

$$x_T(t) = \begin{cases} x(t) & |t| \leqslant T \\ 0 & 其他 \end{cases}$$

所以只要 T 为有限值，则相应的傅里叶变换 $x_T(t)$ 存在，其总能量按能量信号的帕斯瓦尔公式，有：

$$E_T = \int_{-\infty}^{\infty} |x_T(t)|^2 \mathrm{d}t = \frac{1}{2\pi} \int_{-\infty}^{\infty} |x_T(\omega)|^2 \mathrm{d}\omega$$

由于

$$E_T = \int_{-\infty}^{\infty} |x_T(t)|^2 \mathrm{d}t = \int_{-T}^{T} |x(t)|^2 \mathrm{d}t$$

故得平均功率为：

$$p = \lim_{T \to \infty} \frac{1}{2\pi} \int_{-T}^{T} |x(t)|^2 \mathrm{d}t = \frac{1}{2\pi} \int_{-\infty}^{\infty} \lim_{T \to \infty} \frac{|X_T(\omega)|^2}{2T} \mathrm{d}\omega$$

上式中，因 $x(t)$ 是功率信号，故极限存在，当 $T \to \infty$，$|x_T(\omega)|^2/2T$ 趋于一个极限值。

令

$$p(\omega) = \lim_{T \to \infty} \frac{|X_T(\omega)|}{2T}$$

由上式可以将平均功率写成：

$$p = \frac{1}{2\pi} \int_{-\infty}^{\infty} p(\omega) \mathrm{d}\omega = \int_{-\infty}^{\infty} p(f) \mathrm{d}f$$

可见，平均功率是由被积函数 $p(\omega)$ 在频率（$-\infty$，$+\infty$）区间覆盖的面积所确定。故称 $p(\omega)$ 为功率密度谱，简称功率谱。这样就把功率信号在频域的分析与傅里叶变换联系起来。如果 $x(t)$ 表示随机信号 $X(t)$ 的任一样本函数，则意味着随机信号在频域的特征可以通过傅里叶变换来表征。同时从上面的式子还表明随机信号的平均功率也可以通过计算均方值的时间平均（时间均方值）来求得。功率密度谱虽然描述了随机信号的功率在各个不同频率上的分布，但因为它仅与幅度频谱有关，没有相位信息，所以从已知功率谱还难以完整地恢复原来的功率信号。

功率有限信号的功率谱函数和相关函数是一对傅里叶变换，即维纳辛钦定理。

11.5.2.4 能量谱密度

对于能量信号，在时域中计算的信号总能量，等于在频域中计算的信号总能量。即：

$$\int_{-\infty}^{\infty} x^2(t) \mathrm{d}t = \int_{-\infty}^{\infty} |X(f)|^2 \mathrm{d}f$$

能量频谱（也叫能量谱，能量密度谱）$e(w)$ 定义为单位频率的信号能量，在频带 $\mathrm{d}f$ 内信号为 $e(w)\mathrm{d}f$，因而信号在整个频率区间（$-\infty$，$+\infty$）的总能量为：

$$E = \int_{-\infty}^{+\infty} e(w) \mathrm{d}f = \frac{1}{2\pi} \int_{-\infty}^{+\infty} e(w) \mathrm{d}w$$

对于能量谱，有：

$$e(w) = |F(jw)|^2$$

11.5.2.5　负频率

经过傅里叶双边变换后，频率的取值分为正值和负值，对于负值来说只是数学上的定义，没有真正的物理意义。

11.5.3　随机信号的频谱

随机信号即取值不确定且不能实现确定预知的信号。这种信号在任何时间的取值自然也是不能用一个数学公式准确计算出来的。然而，在一个长时间内观察，这种信号有一定的统计规律，可以找到它的统计特性。通常把这种信号看成一个随机过程。

随机信号是一类持续时间无限长，具有无限大能量的功率信号，虽然它不满足傅里叶变换的条件，但由于它的任一样本函数功率有限，所以功率谱就成为在频域描述随机信号统计规律的重要特征参量。

11.5.4　信号频谱的应用

11.5.4.1　幅频特性和相频特性

对于周期信号，求得其傅里叶系数之后得到一个复系数 F_n，对其求模即为此周期信号幅度关于频率的函数，它反映了此信号的幅频特性。对其求相位即得到此信号相位关于频率的函数，它反映了此信号的相频特性。

对于非周期信号，求其傅里叶变换得到 $F(jw)$，它可以写成 $F(jw) = |F(jw)|e^{j\Psi(w)}$ 的形式，其中 $|F(jw)|$ 和 $\Psi(w)$ 分别是频谱函数的模和相位，分别代表此信号的幅频特性和相频特性。

将 $A_n \sim w$ 和 $\Psi(n) \sim w$ 的关系分别画在以 w 为横轴的平面上得到的两个图，分别称为振幅频谱图和相位频谱图。因为 $n \geq 0$，所以称这种频谱为单边谱。也可画 $|F_n| \sim w$ 和 $\Psi(n) \sim w$ 的关系，称为双边谱。若 F_n 为实数，也可直接画 F_n。

11.5.4.2　频域分析方法

频域分析方法用于求解系统的零状态响应和全响应。

$$Y(jw) = H(jw)F(jw)$$

当 $F(jw)$ 是冲激函数对应的频谱函数时对应 $Y(jw)$ 是系统响应；当 $F(jw)$ 是其他函数对应的频谱时对应 $Y(jw)$ 为零状态响应。

利用频域分析方法求得系统的零状态响应后，使用傅里叶反变换或拉普拉斯反变换就可以得到系统的零状态输出。相比之下频域变换恰当地使用了复指数函数的性质，给系统分析带来了方便。

习　　题

11-1　求图 11-20 所示周期性矩形信号 $f(t)$ 的傅里叶级数展开式及其频谱。

11-2　图 11-21 所示电路中，输入电源为：$u_s = [10 + 141.4\cos(\omega_1 t) + 47.13\cos(3\omega_1 t) + 28.28\cos(5\omega_1 t) +$

$20.20\cos(7\omega_1 t) + 15.7\cos(9\omega_1 t) + \cdots]$ V，$R = 3\Omega$，$\dfrac{1}{\omega_1 C} = 9.45\Omega$，求电流 i 和电阻吸收的平均功率。

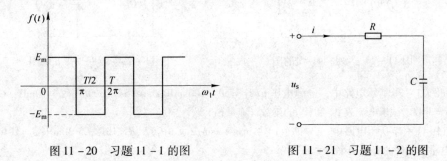

图 11-20　习题 11-1 的图　　　　　　图 11-21　习题 11-2 的图

11-3　周期电压 $u(t)$ 的波形如图 11-22a 所示。

(1) 试计算周期电压 $u(t)$ 的最大值 U_m，有效值 U，实际平均值（直流分量 U_0），绝对平均值 U_{av}；

(2) 当分别用磁电式、整流式、电磁式电压表测量该电压时，求各表的读数。

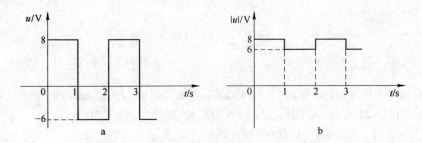

图 11-22　习题 11-3 的图
a—电压波形；b—电压的绝对值

11-4　图 11-23 所示电路中 $L = 5\mathrm{H}$，$C = 10\mu\mathrm{F}$，负载电阻 $R = 2\mathrm{k}\Omega$，u_s 为正弦全波整流波形，设 $\omega_1 = 314\mathrm{rad/s}$，$U_m = 157\mathrm{V}$，求负载两端电压的各谐波分量。

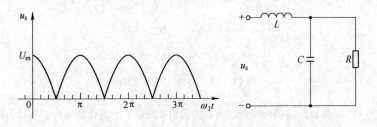

图 11-23　习题 11-4 的图

11-5　在图 11-24 所示的电路中，已知：$u(t) = 100 + 30\sin\omega t + 10\sin2\omega t + 5\sin3\omega t$，$R = 25$，$L = 40\mathrm{mH}$，$\omega = 314\mathrm{rad/s}$。求电路中的电流和平均功率。

11-6　为了测量电容器的容量，可采用图 11-25 所示的测量电路进行测量。其中 A 和 V 分别是电动系电流表和电压表。若已知 $u(t) = U_m(\sin\omega t + \sin3\omega t)\mathrm{V}$，电流表的读数为 I，电压表的读数为 U。求电容 C。

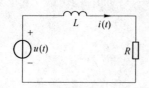

图 11－24　习题 11－5 的图

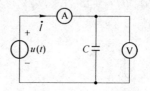

图 11－25　习题 11－6 的图

11－7　在图 11－26 所示电路中，电源电压 $u(t) = 50 + 100\sin1000t + 15\sin2000t$ V，$L = 40$mH，$C = 25\mu$F，$R = 30\Omega$。试求电流表 A_1 和 A_2 的读数（有效值）。

11－8　在图 11－27 所示电路中，已知 $i(t) = 4\sin\omega t + 2\sin(3\omega t + \theta_3)$ A，$R = 15\Omega$，$L = 30$mH，$\omega = 314$rad/s。求电路所消耗的有功功率。

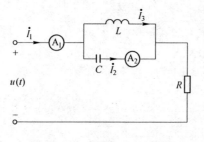

图 11－26　习题 11－7 的图

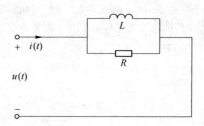

图 11－27　习题 11－8 的图

11－9　对称三相发电机 A 相电压为 $u_A(t) = 215\sqrt{2}\sin\omega t - 80\sqrt{2}\sin3\omega t + 10\sqrt{2}\sin5\omega t$ V，供给三相四线制的负载如图 11－28 所示。基波阻抗为 $Z = 6 + j3\Omega$，中线阻抗 $Z_0 = 1 + j2\Omega$。

（1）求线电流、中线电流、负载吸收的功率；

（2）如果中线断开，再求线电流、中线电流、负载吸收的功率及两中点间的电压。

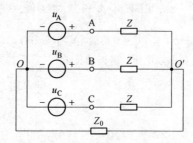

图 11－28　习题 11－9 的图

11－10　试将习题 11－1 的矩形波展开为指数形式的傅里叶级数，并画出幅度频谱和相位频谱。

习题参考答案

第1章

1-1 （1）图1-21a 中 u、i 的参考方向是关联的；图1-21b 中 u、i 的参考方向是非关联的。

（2）图1-21a 中 u、i 的乘积表示元件吸收的功率；图1-21b 中 u、i 的乘积表示元件发出的功率。

（3）图1-21a 中元件发出功率；图1-21b 中元件吸收功率。

1-2 由图1-22 可知。元件 A 的电压、电流为非关联参考方向，其余元件的电压、电流均为关联参考方向。所以各元件的功率分别为：

$$p_A = 60 \times 5 = 300\text{W} > 0，为发出功率$$
$$p_B = 60 \times 1 = 60\text{W} > 0，为吸收功率$$
$$p_C = 60 \times 2 = 120\text{W} > 0，为吸收功率$$
$$p_D = 40 \times 2 = 80\text{W} > 0，为吸收功率$$
$$p_E = 20 \times 2 = 40\text{W} > 0，为吸收功率$$

电路吸收的总功率为：

$$p = p_B + p_C + p_D + p_E = 300\text{W}$$

即元件 A 发出的总功率等于其余元件吸收的总功率，满足功率平衡。

1-3 图1-23a 中 $\quad u = -Ri = -10 \times 10^3 i$

图1-23b 中 $\quad u = -20 \times 10^3 \dfrac{\text{d}i}{\text{d}t}$

图1-23c 中 $\quad i = 10 \times 10^6 \dfrac{\text{d}u}{\text{d}t} = 10^5 \dfrac{\text{d}u}{\text{d}t}$

图1-23d 中 $\quad u = -5\text{V}$

图1-23e 中 $\quad i = 2\text{A}$

1-4 （1）电流源发出功率： $\quad p = u_s i_s = 20\text{W}$

电压源吸收功率： $\quad p = u_s i_s = 20\text{W}$

（2）在 AB 间插入 $u_s' = 10\text{V}$ 的电压源，极性和 u_s 的相反。此时，电流源的功率为 0。插入的电压源的发出功率为 20W，原来的电压源吸收的功率为 20W。

（3）在 BC 间并联 $i_s' = 2\text{A}$ 的电压源或并联 $R = 5\Omega$ 的电阻。

1-5 （1）图1-25a 中 $\quad P_R = RI^2 = 1 \times 0.5^2 = 0.5\text{W}$

电压源吸收功率： $\quad P_U = U_s I_s = 1 \times 0.5 = 0.5\text{W}$

电流源两端电压： $\quad U = U_R + U_s = 1 + 1 = 2\text{V}$

电流源发出功率：$\qquad P_1 = I_s U = 0.5 \times 2 = 1\text{W}$

（2）图 1-25b 中 2V 电压源发出功率：$P = 2 \times I_1 = 2 \times 0.5 = 1\text{W}$

1V 电压源发出功率：$\qquad P = 1 \times (-I_3) = 1 \times 0.5 = 0.5\text{W}$

2Ω 电阻消耗功率：$\qquad P = 2 \times I_1^2 = 2 \times 0.5^2 = 0.5\text{W}$

1Ω 电阻消耗功率：$\qquad P = 1 \times I_2^2 = 1 \times 1^2 = 1\text{W}$

1-6 受控源的电流为：$\qquad 0.9i_1 = i = 2\text{A}$

$$i_1 = 2.222\text{A}$$

所以 $\qquad u_{ab} = 4i_{ab} = 4 \times (i_1 - 0.9i_1) = 0.899\text{V}$

1-7 对图 1-27 中右边的回路列 KVL 方程（顺时针方向绕行）有：$Ri - 10 - 5i = 0$，则：

$$i = \frac{10 + 5i}{R} = 7.5\text{A}$$

1-8 对结点 1 和两个网孔列 KCL 和 KVL 方程，有：

$$\begin{cases} I_1 - I_2 - I_3 = 0 \\ 1000I_1 + 500I_2 + 8I_1 = 20 \\ 8I_1 + 500I_2 - 1000I_3 = 0 \end{cases}$$

解得：

$$I_1 = 14.94\text{mA}$$
$$I_3 = 5.06\text{mA}$$
$$U_0 = 5.06\text{V}$$

第 2 章

2-1 $R_{ab} = 10\Omega$

2-2 $I = 7/3\text{A}$

2-3 $\dfrac{I_A}{I_B} = -\dfrac{R_B}{R_A}$

2-4 $I_1 = -0.6\text{A}$

2-5 $u_{ab} = 1\text{e}^{-2t}\text{V}$

2-6 $I = 0.2\text{A}$

2-7 $U = 4/3\text{V}$

2-8 $I = 10\cos(t)\ \text{A}$

2-9 $U_{ab} = 43\text{V}$

2-10 $R_{ab} = 11\Omega$

2-11 $U = 15\text{V}$，$I = -3\text{A}$

2-12 $I = 2\text{mA}$

第 3 章

3-1 3 个，4 个

3-2 对 $\{2, 5, 6, 7, 9\}$ 5 个树枝，树 $\{1, 2, 5, 7, 10\}$ 5 个树枝，树 $\{3, 4, 5, 9, 10\}$ 5 个树枝，树 $\{1, 4, 5, 7, 10\}$ 5 个树枝

3-3 $i_5 = -0.956\mathrm{A}$

3-4 略

3-5 $i = 2.4\mathrm{A}$

3-6 $U_0 = 80\mathrm{V}$

3-7 若选③为参考点，则结点电压方程为：

$$\left(\frac{1}{R_2 + R_3} + \frac{1}{R_4}\right)U_{n1} - \frac{1}{R_4}U_{n2} = i_{s1} + i_{s2}$$

$$\frac{1}{R_4}U_{n1} + \left(\frac{1}{R_4} + \frac{1}{R_5}\right)U_{n2} = \beta i$$

$$i = \frac{1}{R_2 + R_3}U_{n1}$$

3-8 $i_1 = 0.909\mathrm{A}$　　$i_2 = -0.909\mathrm{A}$　　$i_3 = 1.818\mathrm{A}$　　$i_4 = 1.091\mathrm{A}$

3-9 $I_s = 9\mathrm{A}$　　$I_o = -3\mathrm{A}$

3-10 $U_0 = 32\mathrm{V}$

第4章

4-1 $i = -1.6\mathrm{A}$

4-2 $u = 3\mathrm{V}$

4-3 $i = 0.25\mathrm{A}, 5\mathrm{A}$

4-4 $i = 3\mathrm{A}, -6\mathrm{A}$

4-5 (1) $12\mathrm{V}$, (2) $\frac{2}{3}\mathrm{A}$

4-6 $i = \frac{4}{3}\mathrm{A}$

4-7 (1) $6\mathrm{V}$, 1Ω; $6\mathrm{A}$, 1Ω; (2) $u = 4\mathrm{V}$, $i = 2\mathrm{A}$

4-8 $6\mathrm{V}$, $2\mathrm{k}\Omega$; $3\mathrm{mA}$, $2\mathrm{k}\Omega$

第5章

5-1 $i_L(0_-) = i_L(0_+) = 1.2\mathrm{A}$, $u_{R1}(0_+) = 60\mathrm{V}$, $u_{R2}(0_+) = 18\mathrm{V}$, $u_{R3}(0_+) = 36\mathrm{V}$, $u_L(0_+) = -u_{R2}(0_+) - u_{R3}(0_+) = -54\mathrm{V}$

5-2 $i_C(0_+) = 0.2\mathrm{mA}$

5-3 $i_C(0_+) = 0$, $u_L(0_+) = -5\mathrm{V}$

5-4 $u_C = 24\mathrm{e}^{-\frac{t}{20}}\mathrm{V}$　　$t \geqslant 0$,　　$i_1 = u_C/4 = 6\mathrm{e}^{-\frac{t}{20}}\mathrm{A}$,

$$i_2 = \frac{2}{3}i_1 = 4\mathrm{e}^{-\frac{t}{20}}\mathrm{A},　　i_3 = \frac{1}{3}i_1 = 2\mathrm{e}^{-\frac{t}{20}}\mathrm{A}$$

5 - 5 $\quad u_L = L\dfrac{\mathrm{d}i_L}{\mathrm{d}t} = -48\mathrm{e}^{-t}\mathrm{V}\quad t\geqslant 0,\qquad i_L = i_L(0_+)\mathrm{e}^{-\frac{t}{\tau}} = 8\mathrm{e}^{-t}\mathrm{A}$

5 - 6 $\quad u_C = U_s(1 - \mathrm{e}^{-\frac{t}{RC}}) = 100(1 - \mathrm{e}^{-200t})\mathrm{V}\quad(t\geqslant 0),\qquad i = C\dfrac{\mathrm{d}u_C}{\mathrm{d}t} = \dfrac{U_s}{R}\mathrm{e}^{-\frac{t}{RC}} = 0.2\mathrm{e}^{-200t}\mathrm{A}$

5 - 7 $\quad u_L(t) = L\dfrac{\mathrm{d}i_L}{\mathrm{d}t} = 14\mathrm{e}^{-50t}\mathrm{V}, p = 10\times i = 6 - 14\mathrm{e}^{-50t}\mathrm{W}$

5 - 8 $\quad u_C(t) = 4 - 4\mathrm{e}^{-5\times10^5 t}\mathrm{V}$

5 - 9 $\quad i(t) = i_L(t) = 0.699\mathrm{e}^{-\frac{6}{5}(t-1)}\mathrm{A}$

5 - 10 $\quad u_C(0_+) = u_C(0_-) + \dfrac{1}{C}\displaystyle\int_{0_-}^{t} i_C\mathrm{d}t = u_C(0_-) + \dfrac{1}{C}\int_{0_-}^{t} A\delta(t)\mathrm{d}t = u_C(0_-) + \dfrac{A}{C}$

第 6 章

6 - 1 $\quad \dot{I}_1 = \dfrac{5}{\sqrt{2}}\angle 60° = 3.54\angle 60° = 1.77 + \mathrm{j}3.07$

将正弦化成余弦 $\qquad \dot{I}_2 = \dfrac{10}{\sqrt{2}}\angle 150° = 7.07\angle 150°\mathrm{A}$

将负值化为正值 $\qquad \dot{I}_3 = \dfrac{4}{\sqrt{2}}\angle -120° = 2.83\angle -120°\mathrm{A}$

6 - 2 $\quad u_1(t) = 50\sqrt{2}\cos(100\pi t - 30°)\mathrm{V},\quad u_2(t) = 220\sqrt{2}\cos(100\pi t + 150°)\mathrm{V}$

6 - 3 $\quad 5.04\cos(\omega t - 67.5°)\mathrm{V}$

6 - 4 $\quad i(t) = 0.02\sqrt{2}\cos(\omega t - 140°)\mathrm{A}$

6 - 5 $\quad u_1(t) = 50\sqrt{2}\cos(100\pi t + 30°)\mathrm{V},\quad u_2(t) = 100\sqrt{2}\cos(100\pi t - 150° - 180°)\mathrm{V}$

6 - 6 $\quad$ (1) 0, (2) $380\sqrt{2}\cos(100\pi t + 40°)$ V, $380\sqrt{2}\cos(100\pi t - 80°)$ V (3) 略

6 - 7 $\quad$ 电流表 A 的读数应为 14.1A

6 - 8 $\quad$ (1) 电阻, (2) 电容, (3) 电感

6 - 9 $\quad 66.05\Omega$, $1.416\cos(1000t - 20.73°)$ A

第 7 章

7 - 1 $\quad$ 图 7 - 21a $\quad Z = 1 - \mathrm{j}2\ \Omega$, $Y = 0.2 + \mathrm{j}0.4\ \mathrm{S}$

$\qquad$ 图 7 - 21b $\quad Z = 2 - \mathrm{j}\ \Omega$, $Y = 0.4 + \mathrm{j}0.2\ \mathrm{S}$

$\qquad$ 图 7 - 21c $\quad Z = \dfrac{1}{\dfrac{1}{R} + \mathrm{j}\omega C + \dfrac{\mathrm{j}\omega C}{\mathrm{j}\omega RC + 1}}\Omega$, $Y = \dfrac{1}{R} + \mathrm{j}\omega C + \dfrac{\mathrm{j}\omega C}{\mathrm{j}\omega RC + 1}\ \mathrm{S}$

$\qquad$ 图 7 - 21d $\quad Z = 40\Omega$, $Y = 0.025\mathrm{S}$

7 - 2 $\quad G = 2.07\mathrm{S}$, $C = 0.733\mathrm{F}$（并联）

7 - 3 $\quad \dot{U}_s = 8.94\angle -26.565°\mathrm{V}$

7-4　$\dot{I} = 10\sqrt{2}\angle 45°\text{A}$，$\dot{U}_s = 5\sqrt{2}\angle 45°$（设 $\dot{I}_2 = 10\angle 90°\text{A}$）

7-5　48mA

7-6　$3.16\angle -18.43°\text{A}$，$1.41\angle 45°\text{A}$，$0.5\angle 0°\text{S}$

7-7　略

7-8　$(250 + j1250)\ \text{V}\cdot\text{A}$，$-j1300\text{V}\cdot\text{A}$

7-9　$Q_1 = 275\text{W}$，$Q_2 = 275\text{W}$，$\lambda = 0.798$

7-10　$\dot{U}_L = 61.86\angle -149.04°\text{V}$，$\dot{U}_s = 52.16\angle -151.7°\text{V}$

　　　　$\dot{U}_R = 10\angle 45°\text{V}$，$\dot{I} = 20.62\angle 120.96°\text{A}$，$(50 + j1074)\text{V}\cdot\text{A}$

7-11　$\dfrac{1}{\sqrt{L_1C_1}}$，$\dfrac{1}{\sqrt{L_2C_2}}$（并联谐振），$\sqrt{\dfrac{(L_1 + L_2)}{L_1L_2(C_1 + C_2)}}$（串联谐振）

第 8 章

8-1　$z_{11} = 50\Omega$，$z_{12} = 10\Omega$，$z_{21} = 20\Omega$，$z_{22} = 20\Omega$

8-2　$y_{11} = \dfrac{1}{40}\text{S}$，$y_{12} = -\dfrac{1}{80}\text{S}$，$y_{21} = -\dfrac{1}{40}\text{S}$，$y_{22} = \dfrac{5}{80}\text{S}$

8-3　略

8-4　略

8-5　$h_{11} = 4\Omega$，$h_{12} = \dfrac{4}{5}$，$h_{21} = -\dfrac{4}{5}$，$h_{22} = \dfrac{8}{75}\text{S}$，$\Delta_z = z_{11}z_{22} - z_{12}z_{21} = \dfrac{75}{2} = 37.5$

8-6　$\dot{U}_o = 3\angle 0°\text{V}$

8-7　(1) $\dot{U}_2 = 263.16\angle 0°$；(2) $P_2 = 13.85\text{W}$；(3) $Z_i = 133.33\Omega$，$P_1 = 83.1\text{W}$；

　　　(4) $Z_o = 10833.33\Omega$；(5) $P_{2\max} = 16.03\text{W}$

第 9 章

9-1　$R_1 = \dfrac{R_3}{3} = 3.33\text{k}\Omega$，$R_2 = \dfrac{R_3}{0.2} = 50\text{k}\Omega$

9-2　$u_o = -\dfrac{R_2}{R_1}(u_1 - u_-) + u_- = \dfrac{R_2}{R_1}(u_2 - u_1)$

9-3　$\dfrac{u_o}{u_1} = -\dfrac{R_2R_3(R_4 + R_5)}{R_1(R_2R_4 + R_2R_5 + R_3R_4)}$

9-4　$\dfrac{u_o}{u_s} = -\dfrac{R_2R_4}{R_1R_2 + R_2R_3 + R_3R_1}$

9-5　$u_o = \dfrac{(G_3 + G_4)G_1u_{s1} + (G_1 + G_2)G_3u_{s2}}{G_1G_4 - G_2G_3}$

第 10 章

10 – 1　图 10 – 10a 中的同名端为（1，2'）或（1'，2）

　　　　图 10 – 10b 中的同名端为（1，2'）、（1，3'）或（2，3'）

10 – 2　（1）　$\Psi_1 = \left[12 + 30\cos(10t + 30°) - 40\mathrm{e}^{-5t} \right]\mathrm{Wb}$

　　　　　　　　$\Psi_2 = \left[-8 - 20\cos(10t + 30°) + 30\mathrm{e}^{-5t} \right]\mathrm{Wb}$

　　　　（2）　$u_{11'} = \dfrac{\mathrm{d}\Psi_1}{\mathrm{d}t} = \left[-300\sin(10t + 30°) + 200\mathrm{e}^{-5t} \right]\mathrm{V}$

　　　　　　　　$u_{22'} = \dfrac{\mathrm{d}\Psi_2}{\mathrm{d}t} = \left[200\sin(10t + 30°) - 150\mathrm{e}^{-5t} \right]\mathrm{V}$

　　　　（3）　$k = \dfrac{M}{\sqrt{L_1 L_2}} = 0.943$

10 – 3　图 10 – 11a　（1）2H，（2）0H，（3）4H

　　　　图 10 – 11b　（1）0.857H，（2）0H，（3）0H

　　　　图 10 – 11c　（1）6H，（2）0H，（3）0H

　　　　图 10 – 11d　（1）6H，（2）0H，（3）0H

10 – 4　$M = 52.86\mathrm{mH}$

10 – 5　（3）　$C = 33.3\mu\mathrm{F}$

10 – 6　$\dot{I}_1 = 0\mathrm{A}$，$\dot{I}_2 = \mathrm{j}1\mathrm{A}$，$\dot{U}_2 = 32\mathrm{V}$

10 – 7　$n = 2.24$

10 – 8　$Z = \mathrm{j}1\ \Omega$

10 – 9　$C = 250\mu\mathrm{F}$，$P_{\max} = 62.5\mathrm{W}$

第 11 章

11 – 1　傅里叶级数展开式：

$$f(t) = \frac{4E_{\mathrm{m}}}{\pi}\left[\sin\omega_1 t + \frac{1}{3}\sin 3\omega_1 t + \frac{1}{3}\sin 5\omega_1 t + \cdots \right]$$

频谱图：

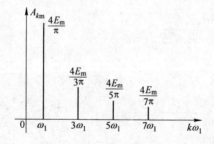

11－2 $i = \left[14.26\cos(\omega_1 t + 72.39°) + 10.83\cos(3\omega_1 t + 46.4°) + 7.98\cos(5\omega_1 t + 32.21°) + \right.$

$\qquad 6.14\cos(7\omega_1 t + 24.23°) + 4.94\cos(9\omega_1 t + 19.29°) + \cdots]A$

$$P = P_0 + P_{(1)} + P_{(3)} + P_{(5)} + P_{(7)} + P_{(9)} = 669.80W$$

11－3 (1) $U_m = 8V$, $U = 5\sqrt{2}V$, $U_0 = 1V$, $U_{av} = 7V$

$\qquad$ (2) 1V, 7.77V, 7.07V

11－4 (1) 直流作用：$k = 0$, $U_0 = 100V$（电容开路，电感短路）

$\qquad$ (2) 2 次谐波作用：$k = 2$, $\dot U_{1m(2)} = 3.55\angle -175.15°V$

$\qquad$ (3) 4 次谐波作用：$k = 4$, $\dot U_{1m(4)} = 0.171\angle -177.6°V$

11－5 电路中的电流为：$i(t) = 4 + 1.07\sin(\omega t - 26.67°) + 0.28\sin(2\omega t - 45.14°) + 0.11\sin$
$\qquad (3\omega t - 56.44°)A$

$\qquad$ 电路中的平均功率：$P = U_0 I_0 + U_1 I_1 \cos\varphi_1 + U_2 I_2 \cos\varphi_2 + U_3 I_3 \cos\varphi_3 = 100 \times 4 +$

$\qquad \dfrac{30 \times 1.07}{2}\cos 26.67° + \dfrac{10 \times 0.28}{2}\cos 45.14° + \dfrac{5 \times 0.11}{2}\cos 56.44° = 415.48W$

11－6 $C = \dfrac{I\sqrt{1 + h_3^2}}{\omega U\sqrt{9 + h_3^2}}$

11－7 电流表 A_1 和 A_2 的读数分别为：

$$I_1 = \sqrt{1.667^2 + 0.264^2} = 1.688A$$

$$I_2 = \sqrt{1.768^2 + 0.352^2} = 1.803A$$

11－8 57.19W

11－9 (1) 32.179A, 8.43$\angle -71.56°A$, 18639W

$\qquad$ (2) 32.056A, 0A, 18497W, 80V

11－10

$$f(t) = \dfrac{2E_m}{j\pi}(e^{j\omega_1 t} - e^{-j\omega_1 t}) + \dfrac{2E_m}{j3\pi}(e^{j3\omega_1 t} - e^{-j3\omega_1 t}) +$$

$$\dfrac{2E_m}{j5\pi}(e^{j5\omega_1 t} - e^{-j5\omega_1 t}) + \dfrac{2E_m}{j7\pi}(e^{j7\omega_1 t} - e^{-j7\omega_1 t}) + \cdots$$

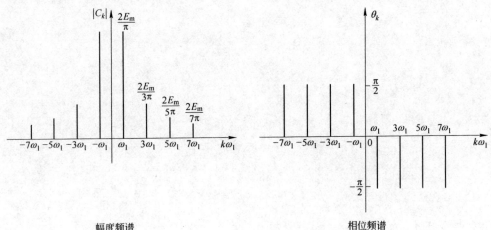

$\qquad\qquad$ 幅度频谱 $\qquad\qquad\qquad\qquad\qquad\qquad$ 相位频谱

参 考 文 献

［1］刘志民．电路分析［M］．4 版．西安：西安电子科技大学出版社，2012.

［2］林镇材，陈瞬儿．电路分析［M］．广州：广东科技出版社，2000.

［3］邱关源．电路［M］．5 版．北京：高等教育出版社，2006.

［4］Hayt W H, Kemmerly J E. Engineering Circuit Analysis［M］．3rd ed. New York：McGraw – Hill Inc.，1978.

［5］熊年禄．电路分析基础［M］．武汉：武汉大学出版社，2010.

［6］李翰荪．电路分析基础［M］．3 版．北京：高等教育出版社，2001.

［7］张永瑞，杨林耀，张雅兰．电路分析基础［M］．2 版．西安：西安电子科技大学出版社，2000.

［8］江缉光．电路原理［M］．北京：清华大学出版社，1997.

［9］范世贵，傅高明．电路导教、导学、导考［M］．西安：西北工业大学出版社，2004.